NICOLAS MARTIN

LA MÉTHODE SCIENTIFIQUE

avec Matthieu Lefrançois

L'ESPACE

E/P/A

SOMMAIRE

PREFACE

CARLO ROVELLI

Malgré des siècles d'histoire, l'humanité tout entière est comme un enfant qui commence à peine à quitter le village et à découvrir le vaste monde. Nous avons grandi sur notre petite planète en pensant qu'elle était le centre de tout. Nous avons lentement compris que nous étions sur un grain de poussière, la Terre, perdu dans un vaste espace, rayonnant de merveilles extraordinaires et inattendues.

Dans la nuit fatidique du 25 août 1609, Galileo Galilei pointait pour la première fois un télescope vers le ciel. Des choses que personne n'avait imaginées apparaissaient : les lunes de Jupiter, les phases de Vénus, les taches du Soleil... L'humanité ouvrait les yeux sur le cosmos. Depuis, l'aventure ne s'est jamais arrêtée. La Russie a ouvert l'ère spatiale au début des années 1960 en envoyant le premier homme dans l'espace, Youri Gagarine. La décennie n'était pas achevée que des hommes posaient le pied sur la Lune. Ces dernières années, les outils de vision lointaine et notre compréhension de la physique du cosmos se sont considérablement développés, révélant un cosmos d'une richesse, d'une variété et d'une beauté étonnantes.

Ce magnifique livre illustré est à feuilleter, à regarder. En s'y plongeant, en s'y laissant capturer, il nous emmène vers des lieux nouveaux dont nous ignorions l'existence même il y a peu, et il nous conduit au seuil de ce que nous ne savons pas encore. Son mérite est qu'il parvient à fasciner, à rester toujours accessible, tout en demeurant détaillé, précis et approfondi.

Les pages qui suivent abordent les questions ouvertes les plus extraordinaires sur l'univers. D'abord la possibilité de la vie sur Mars, sur les lunes du système solaire, sur des planètes appartenant à d'autres systèmes stellaires... Y a-t-il... ? Y avait-il... ? Et que devrions-nous appeler « vie » parmi les nombreuses manifestations de la grande complexité de la réalité, dont nous, les humains, ne sommes qu'un petit exemple ?

Les trous noirs, ensuite, des objets considérés comme fabuleux il y a seulement quelques années, que nous sommes désormais capables d'observer dans le ciel, exactement comme la théorie d'Einstein les avait prédits. Ils gardent néanmoins encore beaucoup de mystères : que se passe-t-il en leur centre ? Où tombe toute la matière que nous voyons entrer dans leur horizon ? Et qu'advient-il à la fin de leur vie ? Disparaissent-ils sans laisser de trace de tout ce qui y avait été « avalé » ? Se transforment-ils en trous blancs ?

Sont encore abordés les incroyables événements d'il y a près de 14 milliards d'années, lorsque l'univers que nous connaissons était comprimé dans une tête d'épingle. Ici aussi, s'il est extraordinaire que l'univers même ait une histoire et que nous puissions la reconstruire si loin dans le temps, nous restons toujours dans l'ignorance : nous ne savons pas ce qui s'est passé avant. Le Big Bang équivaut-il à la naissance du temps, comme Stephen Hawking l'avait suggéré ? Ou seulement au rebond d'un univers précédent qui s'effondrait sur lui-même, comme semble l'indiquer, par exemple, la gravitation quantique à boucles ?

Si nous connaissons étonnamment bien les grandes lignes de l'histoire de notre univers au cours des 14 milliards d'années passés, de nombreux mystères demeurent. L'énergie noire n'en est selon moi pas un, mais seulement l'effet de la constante cosmologique dans les équations d'Einstein ; *a contrario*, la matière noire, elle, nous échappe complètement : s'agit-il de particules que nous n'avons jamais observées directement ? Ou de l'effet d'une modification de gravité que nous subissons actuellement ? Ou encore, comme j'aime à le penser, du signe de la présence d'une multitude de petits trous noirs, ou de résidus de trous noirs évaporés ?

Enfin, pouvons-nous relancer le rêve de la grande exploration spatiale ? Allons-nous voyager jusqu'à Mars, pourrons-nous sortir du système solaire ? Petit garçon, j'imaginais que dans ma vie d'adulte, je piloterais mon vaisseau spatial en partant à l'aventure dans l'univers. Pouvons-nous recommencer à espérer ?

Nous avons énormément appris sur l'univers. Et plus encore, sur l'étendue de ce que nous ne savons pas. Ce livre raconte où nous en sommes. Ce que nous avons compris, les innombrables merveilles découvertes, mais aussi où se situe la frontière de notre savoir. Dans ce domaine les doutes sont grands, et nous changerons probablement d'avis sur plus d'une question dans les années à venir. Lorsque l'on s'aventure à regarder au loin, tout devient de plus en plus incertain. Mais l'appel de la découverte perdure, elle a un charme et un attrait irrésistibles. Un parfum magique que ce livre parvient à communiquer à merveille, à la fois célébration du voyage et invitation au rêve.

CARLO ROVELLI
Physicien théoricien,
directeur du groupe de recherche en gravité quantique au Centre de physique théorique de l'Université d'Aix-Marseille

AVANT-PROPOS

NICOLAS MARTIN

De toutes les sciences, c'est certainement l'astrophysique avec laquelle j'ai entretenu, toutes ces années pendant lesquelles j'arpentais les chemins de la littérature puis de toutes les formes de création artistique, la relation la plus étroite, la plus intime, la plus passionnée. J'ai bien eu quelques infidélités, du côté de la physique des particules, de la biologie moléculaire ou de l'immunologie avec lesquelles j'ai conservé une relation fidèle, quoi que distante. Mais l'astrophysique et la cosmologie sont toujours restées chères à mon cœur.

À travers la littérature, dans l'exploration persistante que je fis du registre de la science-fiction, mais aussi à travers les revues de vulgarisation et les articles scientifiques que je lisais dès qu'une étude accrochait ma curiosité, à chaque occasion de me projeter aussi loin que mon esprit le pouvait, jusqu'aux limites de la compréhension, parfois au-delà, et toujours avec une délectation inégalée. Et puis, bien sûr, dans le ciel nocturne. Allongé sur le sol, dans des endroits isolés, à contempler des heures durant la voûte étoilée. Je me souviens avoir expliqué à ma filleule, très tôt, dès l'âge de huit ans, pour l'épater certainement un peu mais surtout pour attiser sa curiosité, que regarder les étoiles, c'était plonger dans le passé de l'univers, qu'un très grand nombre de celles que nous voyons aujourd'hui étaient sans doute déjà éteintes, depuis longtemps. Et que tout son corps était constitué d'atomes qui avaient été créés dans les étoiles, et dans leurs explosions.

Alors bien sûr, lorsqu'on m'a proposé d'imaginer un livre à partir de l'expérience accumulée au cours de plusieurs saisons de travail pour *La Méthode scientifique*, ma réponse immédiate a été : faisons un livre sur l'univers ! Mais l'univers, c'est un vaste sujet…

Or, s'il y a quelque chose qui m'a toujours intimement fasciné dans l'astrophysique contemporaine, et dans la physique en général, c'est certainement la capacité projective, la faculté de théorisation, de formalisation des plus grandes physiciennes et physiciens, qui se traduisent, des années voire des décennies plus tard, en observations empiriques. Comment Einstein, en instaurant dans ses équations une constante cosmologique, a l'intuition de l'expansion de l'univers, même s'il la rejette. Comment Schwarzschild, en trouvant certaines solutions aux équations gravitationnelles du même Einstein, anticipe la découverte des trous noirs. Comment Friedmann et Lemaître, chacun de leur côté, ont l'intuition du Big Bang à partir de calculs mathématiques.

Il est proprement fascinant de voir qu'au tout début de l'ère spatiale, lorsque la Russie envoie le premier satellite humain en orbite, *Spoutnik* en 1957, notre connaissance de l'univers n'est que balbutiante. Le Big Bang est un modèle disputé, les trous noirs, des objets théoriques, la structure de l'univers n'a besoin d'aucune matière ni énergie noire pour être cohérente, il n'y a pas la moindre exoplanète à l'horizon, la possibilité d'envoyer un être humain est encore un rêve fou jugé hors de portée... et pourtant.

Nous avons donc voulu rappeler cela, depuis les modèles qui ont fondé notre connaissance de l'univers, et spéculer sur ce que serait demain... à partir du matériel théorique et observationnel dont nous disposons aujourd'hui. Pour cela, j'ai fait appel aux grandes voix françaises de l'astrophysique, celles que vous avez eu plaisir à entendre à la radio ; je me suis longuement entretenu avec elles, dans des entretiens réalisés spécialement pour cet ouvrage, de façon à en composer les chapitres, avec l'aide de mon camarade Matthieu Lefrançois.

Ce livre, nous avons voulu le construire sur le modèle que j'applique chaque jour à l'antenne : accessible à tous, progressif dans sa complexité et dans les sujets abordés, avec des rappels historiques, des encadrés pédagogiques, pour conclure par le plus spéculatif, toujours fondé sur les hypothèses scientifiques les plus récentes.

J'espère que vous y trouverez à la fois matière à consolider vos connaissances, à éveiller votre curiosité, à vagabonder dans ces sublimes illustrations, à rêver aussi, à entretenir et à développer ce grand rêve de l'univers ; j'espère que les plus jeunes pourront le rouvrir, dans 80 ans, pour mesurer l'ampleur du chemin parcouru dans notre compréhension du cosmos.

NICOLAS MARTIN
Producteur de *La Méthode scientifique*,
scénariste et réalisateur

CHAPITRE 1

SOMMES-NOUS SEULS DANS L'UNIVERS ?

AVEC

FRANÇOIS FORGET

Astrophysicien français, spécialiste de l'exploration du système solaire et des environnements planétaires

DE L'EAU SUR MARS

Dans l'histoire de l'exploration de l'univers, l'idée que la vie ne puisse pas exister ailleurs que sur Terre est une conception relativement récente. Lorsque l'être humain a commencé à comprendre que les astres du ciel étaient réellement d'autres mondes, il lui a semblé naturel que ceux-ci soient habités. Et dès que les astronomes ont été en capacité d'observer ces mondes avec des lunettes, ils ont constaté que Mars ressemblait à la Terre. Ils ont cru y voir des cycles évoquant les saisons, de la neige, des variations de couleur qu'ils ont assimilées à de la végétation. Mars donnait alors l'illusion d'une planète propice à la vie.

← Les astronomes estiment que la Voie lactée contient 200 à 400 milliards d'étoiles.

→ Le télescope *Hubble*, en orbite autour de la Terre, capte une tempête sur la calotte polaire nord de Mars (2003).

UNE HISTOIRE BERCÉE D'ILLUSIONS

Même si nous savons aujourd'hui qu'il ne s'agit en réalité que de poussière et de neige carbonique, cette conception d'autres mondes habités semblait alors parfaitement logique. L'existence de « Martiens » était une croyance naturelle. L'observation en 1877 par Giovanni Schiaparelli des *canali* – un terme italien qui fut traduit de manière ambiguë par « canaux » en français – a enflammé l'imagination de nombreux astronomes, notamment Percival Lowell aux États-Unis et Camille Flammarion en France. À l'époque, la précision des lunettes était à la limite de ce que pouvait distinguer l'œil, si bien que les observateurs pensaient voir des traits à la surface de Mars. C'est ainsi que, jusque dans les années 1960, n'importe quel dessin de Mars y faisait figurer des rayures. Riche et en quête de célébrité, Percival Lowell décida de construire, à la fin du XIXe siècle, un grand observatoire à Flagstaff, dans les montagnes de l'Arizona. Son but : mieux observer Mars et ses fameux canaux. La probabilité que la planète héberge la vie sonnait comme une évidence... Toutefois, quelques détracteurs s'élevèrent contre ces théories. Ce fut le cas notamment d'Eugène Antoniadi à l'observatoire de Meudon pour qui les canaux martiens n'étaient qu'une illusion d'optique.

Le choc, médiatique et scientifique, arriva avec le lancement de la sonde *Mariner 4* en 1964. Dès l'année suivante, elle commençait à prendre des photos de l'hémisphère Sud de Mars, sur lesquelles on découvrit des cratères similaires à ceux de la Lune. Grâce à son équipement ultra-précis, *Mariner 4* analysa la manière dont la composition de l'atmosphère perturbait les signaux radio, ce qui lui permit d'estimer la pression à la surface de Mars. Jusqu'alors, on imaginait que son atmosphère était relativement proche de celle de la Terre. Par conséquent, on s'attendait à ce que la pression à la surface de la planète rouge soit de l'ordre de la moitié de la pression terrestre. Coup de massue : très ténue, l'atmosphère de Mars n'était en réalité composée que de dioxyde de carbone et sa pression n'atteignait qu'un centième de celle de la Terre. Difficile d'imaginer des Martiens dans ce contexte...

L'ÉVENTUALITÉ D'UNE VIE PASSÉE

À défaut d'indices révélant la présence de vie sur Mars, et en raison de l'hostilité de l'environnement martien, les scientifiques cherchèrent les indices d'une vie passée aujourd'hui disparue. La grande révolution vint avec la sonde *Mariner 9* qui commença à prendre des photos de la planète dès 1972. On découvrit alors, sur des terrains de plus de 3 milliards d'années, des lits de rivières ressemblant aux réseaux de fleuves terrestres. Ces bassins fluviaux suggéraient que Mars avait connu un passé favorable à l'eau liquide, loin de son image aride actuelle. En améliorant la précision des photographies, les observations suivantes ont confirmé cette découverte. On y voit des minéraux comme l'argile, c'est-à-dire du basalte longuement imprégné et altéré par de l'eau liquide. S'il est très fréquent sur Terre, c'était une surprise d'en découvrir sur Mars. À certains endroits, des accumulations de roches sédimentaires marquent la présence d'anciens deltas, similaires à l'embouchure du Rhône en Camargue par exemple. Dans son histoire, Mars a donc connu une époque où ont pu se former des lacs, des rivières, voire peut-être des mers ou des océans.

Comment savoir où chercher la vie ? Pour les exobiologistes, il existe plusieurs conditions à son développement : de l'eau liquide, une source d'énergie et la présence des briques chimiques du vivant – regroupées sous l'acronyme anglais de CHNOPS pour carbone (C), hydrogène (H), azote (N), oxygène (O), phosphore (P) et soufre (S). Il faut de plus que ces conditions soient satisfaites sur un temps suffisamment long.

→ Image du cratère martien Galle, obtenue grâce à la sonde *Mars Express* (ESA ; env. 2004-2006).

L'EAU

UN ÉLÉMENT ESSENTIEL POUR LA VIE TERRESTRE

L'eau liquide est omniprésente dans la vie sur Terre. Qu'il s'agisse des bactéries ou des mammifères, tous les organismes vivants sont pour une grande partie composés d'eau. On pense par ailleurs que les premières formes de vie sont apparues dans l'océan primitif. À cette époque où la couche d'ozone n'existait pas, il s'agissait du seul endroit abrité de l'effet nocif des rayons ultraviolets du Soleil. De nos jours, on continue de trouver des espèces vivantes partout où l'eau liquide est présente : peu importe que cette eau soit très chaude ou très acide, la vie semble toujours parvenir à s'y adapter. Et même dans des environnements aussi inhospitaliers que les sources hydrothermales au fond des océans ou dans les lacs sous la glace de l'Antarctique, il est possible de trouver de la vie microbienne. L'eau semble donc être un milieu parfaitement adapté au développement de la vie. Il est en outre raisonnable de penser que la chimie du carbone est beaucoup plus efficace, rapide et riche dans l'eau liquide que dans tout autre milieu. Cela explique pourquoi, historiquement, la recherche de vie extraterrestre a toujours été naturellement liée à la présence d'eau liquide.

→ Roches sédimentaires dans le cratère Becquerel, par *MRO* (2008).

DES MOLÉCULES ORGANIQUES DÉCOUVERTES SUR MARS

Plusieurs publications scientifiques récentes ont détecté sur Mars la présence de molécules organiques, c'est-à-dire formées à partir d'atomes de carbone et d'hydrogène. Si cette découverte est encourageante, il ne faut pas s'emballer trop vite : la différence entre traces organiques et traces de vie est énorme. Il est possible en effet que ces molécules organiques aient été produites par des processus non biologiques – par exemple une interaction entre des roches et de l'eau chaude – similaires à ceux que l'on trouve dans des systèmes hydrothermaux.

Deux grandes questions se posent à la communauté scientifique : d'une part, trouver des traces de vie passée, que ce soit sous forme d'indices ou de fossiles, et d'autre part, enquêter sur la possibilité d'une vie actuelle, présente dans les profondeurs, là où il fait plus chaud et où l'eau liquide, propice au développement de bactéries, pourrait exister. D'autant plus que cette situation se rencontre sur Terre, où l'on trouve, à plusieurs kilomètres sous la surface, des nappes d'eau souterraines où règne une biosphère impressionnante. Il s'y développe notamment des bactéries au métabolisme exotique qui consomment de l'hydrogène en lieu et place de l'oxygène – soit des formes de vie sans commune mesure avec celles que l'on trouve en surface. Le mieux serait de réaliser des forages profonds dans le sous-sol martien, mais à l'heure actuelle, il s'agit d'une manipulation impossible à mettre en œuvre uniquement avec des robots.

Pourrait-on éventuellement détecter l'activité de ces bactéries de manière indirecte ? C'est le but de la sonde européenne *Trace Gas Orbiter*, lancée en 2016. En orbite autour de Mars, ce satellite cherche à capter des traces de gaz qui seraient l'indice d'une activité potentiellement biochimique sur la planète.

EN QUÊTE DE TRACES ARCHÉOLOGIQUES

Pour déceler des traces d'une vie passée à la surface de Mars, il faut fouiller les terrains les plus anciens, idéalement le fond de lacs disparus où se trouvent ces argiles témoignant d'une présence antérieure de l'eau. Si celles-ci ont pu se former à un moment favorable à l'émergence de la vie, il est possible qu'elles aient capté et conservé de la matière organique. Quelles formes de vie peut-on espérer trouver à de tels endroits ? Certainement pas des fossiles comme nos coquillages, qui sont des espèces trop récentes du point de vue de l'évolution. Dans des terrains aussi âgés, il est fort probable qu'il n'y ait eu que des bactéries.

L'idéal serait de découvrir des bactéries fossiles suffisamment bien préservées. Or, même si la température est plus basse sur Mars que sur Terre, il semble très difficile de trouver des bactéries âgées de plusieurs milliards d'années dans un bon état de conservation. En revanche, ces organismes ont pu laisser des témoins macroscopiques de leur activité. Sur Terre, et notamment en Australie, l'exemple le plus connu est celui des stromatolithes. Visibles à l'œil nu, ces structures font penser à première vue à de banales formations géologiques : il s'agit en réalité de dépôts en strates très fines formées au fil des années par des cyanobactéries. Également appelées algues bleues, ces bactéries exploitent la lumière du Soleil afin de créer ces constructions.

On peut aussi espérer déceler des molécules organiques que les bactéries auraient créées. Mais comment être certain qu'une molécule organique est bien d'origine biologique ? Sur Terre, la vie se caractérise notamment par une sélection très particulière de molécules organiques : les acides aminés. À la base de la composition des protéines, ceux-ci jouent un rôle central dans la structure et le fonctionnement des êtres vivants. Ces molécules peuvent en théorie adopter deux configurations distinctes dans l'espace, équivalentes sur le plan chimique, qui sont images l'une de l'autre dans un miroir, comme c'est le cas pour nos mains. Pour cette raison, on les appelle couramment « gauche » et « droite ». Ce qui est surprenant et encore inexpliqué, c'est que l'ensemble des espèces vivantes sur Terre utilisent exclusivement la forme « gauche ». Cela soulève plusieurs interrogations qui pourraient remettre en question ce que nous

↑ Image des lignes de pente récurrentes (RSL) dans le canyon Ius Chasma, par *MRO* (2019).

pensons du fonctionnement de la vie. Il existe en théorie de nombreux acides aminés possibles, mais seule une vingtaine est réellement utilisée par la vie terrestre. Pourrait-on trouver sur Mars des acides aminés différents des nôtres ? Et si la vie a existé sur la planète rouge, a-t-elle utilisé les deux configurations des acides aminés ? Il est malheureusement impossible de répondre à ces questions pour le moment.

Autre piste d'investigation : réaliser des études isotopiques. Chaque élément chimique peut exister dans plusieurs versions, appelées isotopes. Ceux-ci peuvent être stables ou instables, auquel cas ils se désintègrent par radioactivité. Le carbone, à la base de la vie organique, possède plusieurs isotopes : le carbone 12 (99 % du carbone présent sur Terre), mais aussi le carbone 13, stable, et le carbone 14, instable (utilisé en datation archéologique). Or, certains processus biologiques consomment plus facilement le carbone 12 que le carbone 13. Si certaines roches martiennes contiennent, en concentration relative, moins de carbone 12 que ce qui est mesuré dans des roches naturelles, cela pourrait constituer la signature d'une activité biologique au niveau de ces roches.

Hypothèse encore plus spéculative : découvrir sur Mars des bactéries fossiles dans lesquelles un mécanisme analogue à la fossilisation aurait peu à peu remplacé chaque atome de carbone par de la silice, un minéral que l'on retrouve notamment dans le sable de nos plages. Une telle opération aurait permis à la bactérie de conserver sa forme originelle, à la manière d'un dinosaure ou d'un végétal fossilisé.

DES ÉCOULEMENTS À LA SURFACE DE MARS

Depuis une vingtaine d'années, des annonces sont régulièrement effectuées autour de la découverte de traces d'écoulement à la surface de Mars. Néanmoins, aucune ne fait totalement consensus au sein de la communauté scientifique. Certaines de ces annonces concernent des

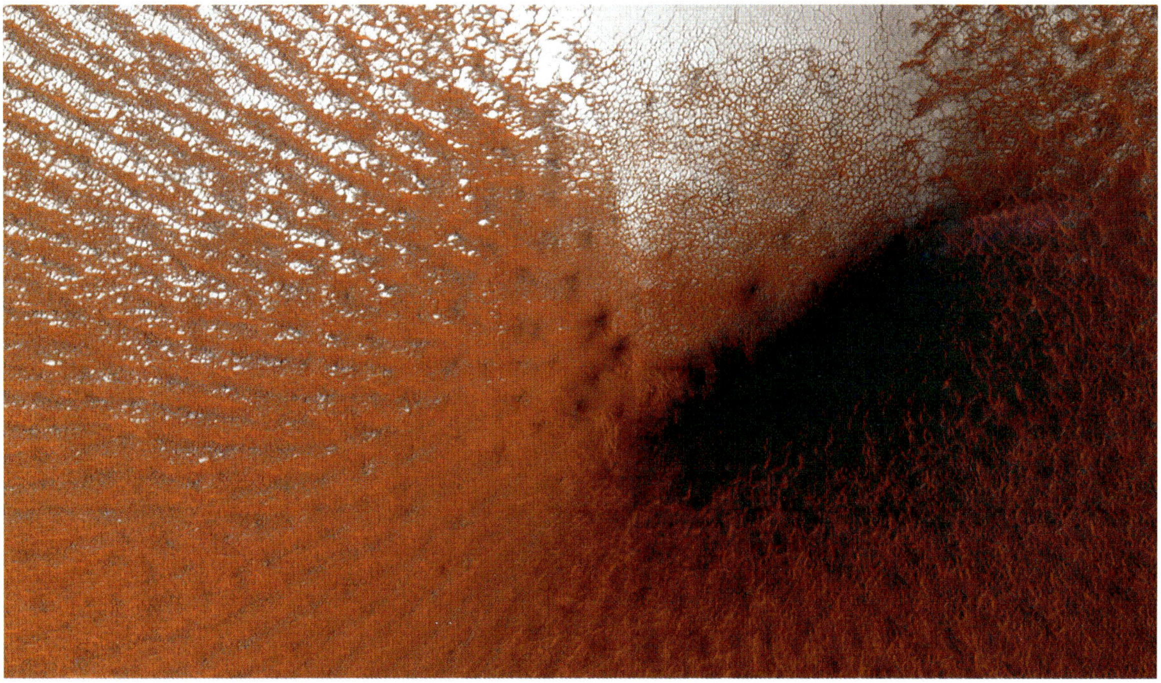

↑ La plupart des glaces de surface sur Mars sont temporaires. Image prise au pôle Nord par *MRO* (2014).

structures appelées ravines (*gullies* en anglais), en raison de leur ressemblance avec celles que l'on trouve en montagne. Pendant longtemps, la similitude avec les écoulements de ruisseaux sur Terre a laissé penser qu'il s'agissait effectivement d'eau liquide. Toutefois, une explication alternative, soutenue par d'autres observations, pourrait expliquer leur présence : la sublimation – soit le passage de l'état solide à l'état gazeux – de la glace carbonique à la fin de l'hiver.

Les autres écoulements détectés par les missions récentes sont appelés RSL (pour *recurring slope lineæ*, ou lignes de pente récurrentes). Il s'agit de coulées sombres présentes sur les pentes les plus chaudes de Mars, dans des endroits bien distincts des ravines. Un phénomène analogue a déjà été observé sur Terre, notamment en Antarctique. Sur notre planète, les RSL sont liées à la manière dont l'eau liquide peut imprégner le sable. C'est en constatant sur Mars les traces linéaires qui se reproduisaient chaque année que le responsable de la caméra sur le satellite d'observation *Mars Orbiter* a proposé de les appeler ainsi. On a donc pensé que les RSL martiennes étaient des saumures, c'est-à-dire des nappes d'eau très chargées en sels minéraux. En agissant comme un puissant antigel, ces sels auraient permis à l'eau de demeurer liquide à des températures aussi basses que celles de Mars. Depuis, cette hypothèse a été réfutée quand on a montré que ces coulées pouvaient simplement être le fruit de mécanismes thermiques qui provoquent des écoulements granulaires, à la manière d'un sable sec qui roule le long d'une dune.

Reste une spéculation intéressante. En 2008, la mission *Phoenix* a détecté, dans le Grand Nord martien, des gouttelettes qui semblaient s'être formées à partir du sable. Pour les scientifiques, ces gouttelettes de sel auraient capté de la vapeur d'eau et produit une sorte de saumure liquide. Les sels en question sont des perchlorates, des composés à fort pouvoir oxydant et présents un peu partout sur Mars. Des bactéries pourraient-elles utiliser ces perchlorates pour vivre ? La question reste ouverte.

LES RAISONS DE L'ASSÈCHEMENT DE MARS

À ce jour, même si la théorie postule la présence d'eau liquide sous la surface de Mars, aucune observation n'est venue confirmer cette hypothèse de manière définitive. Si Mars demeure une planète encore riche en eau, sous forme solide (dans des glaces) ou – dans une moindre mesure – gazeuse, c'est sa forme liquide qui manque aujourd'hui. Au début de sa vie, le Soleil était moins lumineux et la température devait donc apparemment être encore plus basse sur Mars. Le climat a-t-il pu être favorable à la présence d'eau sous forme liquide ? Probablement car, à l'époque, l'atmosphère de Mars était beaucoup plus épaisse et engendrait un effet de serre très puissant. Néanmoins, ce phénomène reste encore mal compris. Grâce à la mission *MAVEN*, en orbite depuis 2014, on pense que l'essentiel du dioxyde de carbone, en partie responsable de cet effet de serre, s'est disséminé dans l'espace. Par quel processus ? L'agitation thermique seule n'aurait pas suffi à faire échapper suffisamment de molécules pour qu'il disparaisse dans l'atmosphère. Le mécanisme a donc probablement été plus complexe et l'un des suspects privilégiés est le vent solaire, un flux de particules émises en permanence par le Soleil. Contrairement à la Terre, Mars n'a pas de puissant champ magnétique pour se protéger de ce bombardement incessant. L'autre hypothèse envisagée est que le dioxyde de carbone se serait dissous dans l'eau liquide pour former des roches calcaires. Toutefois, étant donné que peu de roches de ce type ont été observées sur Mars, la théorie privilégiée reste finalement celle de l'échappement du gaz dans l'espace.

LE FUTUR DES MISSIONS MARTIENNES

Plusieurs missions d'ampleur sont prévues dans les prochaines années.

Tout d'abord, *ExoMars*, soutenue par l'Agence spatiale européenne (ESA), et son véhicule, le rover (« astromobile ») *Rosalind Franklin*.

LE CONCEPT DE ZONE HABITABLE

La zone habitable est une notion qui a évolué au cours du temps. Au départ, elle a été définie, par analogie avec la Terre, comme la région autour d'une étoile où la température n'est ni trop basse ni trop élevée afin de permettre d'avoir de l'eau sous forme liquide.
Tant qu'on ne considère l'eau liquide qu'en surface, cette définition a du sens. Mais dès qu'on envisage de l'eau liquide sous la surface, la définition d'une zone habitable devient plus complexe.
Dans le même temps, les motivations des astronomes ont évolué. La définition initiale leur reste néanmoins utile aujourd'hui, car elle leur permet de sélectionner les planètes propices à la vie détectable. En effet, pour repérer des traces de vie, il est nécessaire que celles-ci se situent plus ou moins au niveau de la surface afin que leurs métabolismes soient suffisamment puissants pour affecter de manière notable l'environnement et être ainsi repérables par les instruments scientifiques.
Parler de « zone habitable » ne signifie donc pas qu'on trouvera effectivement de la vie à la surface, mais simplement qu'il s'agit d'un endroit qui *peut éventuellement* accueillir des formes de vie. Pour éviter toute mauvaise compréhension, certains astronomes préfèrent plutôt utiliser l'expression de « zone tempérée ».

→ Vue d'artiste de Kepler-186f (2014), une des premières exoplanètes de taille terrestre découverte dans la zone habitable de son étoile.

La mission est planifiée pour un lancement en 2022 et une arrivée sur le sol martien l'année suivante. Pour la première fois, il est question d'aller chercher des échantillons à plusieurs mètres sous le sol. L'idée n'est pas tant de découvrir une nappe aquifère que de trouver des molécules biochimiques. À cette profondeur, les traces de vie fossiles ont de meilleures chances d'être préservées qu'en surface. En effet, le rayonnement ultraviolet venant du cosmos et les molécules oxydantes de l'atmosphère, telles que le peroxyde d'hydrogène (communément appelé eau oxygénée), ont un effet destructeur sur les molécules organiques.

L'autre grand sujet de recherche consiste à rapporter des échantillons sur Terre. Si les robots et leurs instruments miniaturisés sont d'une grande complexité, ils ne peuvent concurrencer les capacités d'analyse d'un laboratoire terrestre. Dans cette perspective, la NASA a lancé un programme de retour d'échantillons avec la mission *Mars 2020* et son rover

→ Vue d'artiste du rover *Perseverance* de la mission Mars 2020 (2017) et premier échantillon foré depuis 2016.

Perseverance. Ce nouveau robot parcourra les zones géologiques présentant les conditions les plus favorables à la préservation de la vie. Les scientifiques espèrent y croiser des strates qui étaient en profondeur il y a 3 milliards d'années et qui ont été ramenées à la surface grâce à l'érosion. Le rover sélectionnera les échantillons contenant des molécules organiques et ceux-ci seront placés dans des capsules scellées et gardées précieusement jusqu'en 2026. Une autre mission les récupérera et les enverra vers un satellite, en orbite autour de Mars, qui les ramènera sur Terre. Quelques centaines de grammes seulement suffiront aux scientifiques pour étudier la géochimie martienne et la possibilité que des bactéries aient pu se développer. Mais l'enquête martienne va bien au-delà du simple fait de trouver des bactéries : il s'agit de savoir ce qui s'est passé sur cette planète.

CHRONOLOGIE DE LA VIE SUR TERRE

On estime que la vie est apparue sur Terre il y a au moins 3,5 milliards d'années environ, d'après les plus anciens fossiles de micro-organismes qui ont pu être retrouvés. Les espèces présentes à cette époque sont très éloignées des formes de vie structurées que nous connaissons aujourd'hui. Il ne s'agit que de bactéries, des organismes microscopiques composés d'une seule cellule. Pendant plusieurs milliards d'années, elles ont été, avec quelques algues primitives, les seules espèces vivantes sur Terre, jusqu'à ce qu'une explosion de biodiversité se produise il y a environ 500 millions d'années. On vit alors naître des formes de vie un peu plus structurées, multicellulaires, sans coquille ni squelette, comme des vers marins ou des méduses. L'évolution du vivant n'a cessé depuis de se complexifier. Après les poissons puis les insectes, premiers invertébrés à sortir de l'eau, les reptiles, les mammifères et les oiseaux ont fait progressivement leur apparition, il y a de cela 300 millions d'années. Et l'être humain dans tout ça ? Nos ancêtres, les premiers hominidés, sont nés il y a 7 millions d'années. Mais notre espèce, *Homo sapiens*, n'existe que depuis 200 000 ans seulement, ce qui représente un instant microscopique dans la vie de notre planète.

BILAN : QUELLE PROBABILITÉ DE TROUVER DE LA VIE SUR MARS ?

Pendant des centaines de millions d'années, Mars a pu connaître un environnement de lacs et de rivières, propice au développement de la vie. Alors, qu'attendre des recherches menées sur Mars ? Plusieurs options se présentent.

L'hypothèse pessimiste : rien n'est découvert. L'eau liquide ne serait donc pas une condition suffisante à l'émergence de la vie. Il faut un environnement plus complexe pour permettre à celle-ci d'apparaître et de se développer, ce qui rendrait la vie sur Terre encore plus exceptionnelle.

L'hypothèse intermédiaire : des traces d'une chimie organique sont découvertes, faisant office de chaînon manquant entre le non-vivant et le vivant. Cela permettrait d'avancer dans l'enquête sur les mécanismes, encore mal compris, qui ont favorisé l'émergence de la vie sur Terre.

L'hypothèse optimiste : on découvre une forme de vie très similaire aux bactéries terrestres. Qu'en conclure ? Les impacts d'astéroïdes ont éjecté dans l'espace de nombreuses roches martiennes, potentiellement porteuses de bactéries, et dont une partie est retombée sur notre planète. La vie sur Terre viendrait-elle de Mars ? L'inverse serait également possible : la vie aurait pu démarrer sur Terre avant d'arriver sur Mars. Dans l'hypothèse d'une origine commune, il risque d'être difficile d'en apprendre plus sur les processus permettant l'émergence de la vie.

L'hypothèse miraculeuse : on trouve des formes de vie différentes de celles sur Terre, par exemple qui ne sont pas à base d'ADN. Si la vie s'est développée de manière indépendante sur Mars, cela conforterait l'idée que la simple présence d'eau liquide peut suffire à son émergence et ouvrirait la perspective que d'autres astres du système solaire ont eux aussi hébergé des formes de vie.

LA VIE SUR VÉNUS

Vénus a connu un sort similaire à Mars. Parce que son atmosphère est couverte d'épais nuages, on a longtemps cru qu'il faisait bon vivre à la surface, malgré la proximité avec le Soleil. Mais la sonde *Mariner 2*, lancée en 1962, a mis un terme à ces espoirs. Les rayonnements émis par Vénus montrent que la température à sa surface est très élevée, aux alentours de 450 °C. L'explication tient en un phénomène que l'on connaît beaucoup mieux aujourd'hui qu'à l'époque : l'effet de serre. Qu'en est-il de la vie sur Vénus ? Vénus aurait-elle pu être dotée, comme Mars, d'océans dans sa jeunesse ? Il est difficile de remonter dans le passé géologique de la planète. Tout laisse en effet à penser qu'elle a connu, il y a 800 millions d'années, un événement géophysique si intense que sa surface en a été totalement modifiée. Alors qu'elle s'est formée à la même époque que la Terre, il est impossible de trouver aujourd'hui sur Vénus des endroits âgés de plus d'un milliard d'années.

Un environnement demeure potentiellement propice à la vie : son épaisse couche de nuages. Ceux-ci, dont une partie est liquide, sont composés principalement d'acide sulfurique et d'eau. Malgré la forte acidité, certaines bactéries terrestres parviendraient à survivre dans un tel environnement, à condition de pouvoir passer facilement d'une gouttelette à une autre au sein de ces nuages. La seule manière d'en être certain serait d'aller directement rechercher ces bactéries sur Vénus.

MARS

4e PLANÈTE DU SYSTÈME SOLAIRE

DISTANCE MOYENNE DU SOLEIL

228 millions de kilomètres
(1,5 fois la distance Terre-Soleil)

RAYON

3390 km
(53 % de la Terre)

MASSE

6,417 x 10^{23} kg
(10 % de la Terre)

TEMPÉRATURE DE SURFACE

-140°C à 20°C

PÉRIODE DE ROTATION

24 h 37 min

PÉRIODE DE RÉVOLUTION

687 jours terrestres

VÉNUS

2e PLANÈTE DU SYSTÈME SOLAIRE

DISTANCE DU SOLEIL

108 millions de kilomètres
(70 % de la distance Terre-Soleil)

RAYON

6050 km
(95 % de la Terre)

MASSE

4,867 x 10^{24} kg
(82 % de la Terre)

TEMPÉRATURE DE SURFACE

350 à 530°C

PÉRIODE DE ROTATION

243 jours terrestres

PÉRIODE DE RÉVOLUTION

224,7 jours terrestres

← Vue d'artiste de Vénus sur commande de la NASA, par Rick Guidice (1977).

LA PISTE DES LUNES GLACÉES

Continuons notre voyage à travers le système solaire et dépassons la ceinture d'astéroïdes. Après les 4 planètes rocheuses que sont Mercure, Vénus, la Terre et Mars, nous entrons dans le domaine des planètes gazeuses : Jupiter et Saturne. Imposantes par leur taille, ces planètes ont aussi la particularité d'être bien entourées puisqu'on dénombre actuellement 79 lunes autour de Jupiter et 82 autour de Saturne. Dans leur quête de la vie extraterrestre, les scientifiques s'intéressent plus particulièrement à certaines d'entre elles : Europe, Ganymède et Callisto, en orbite autour de Jupiter, ainsi qu'Encelade et Titan, satellites de Saturne. Ces astres sont poétiquement regroupés sous l'appellation de « lunes glacées ».

L'histoire commence en 1979 lorsque *Voyager* survole Europe. Les photos de la sonde spatiale américaine dévoilent un paysage évoquant une banquise sur laquelle flottent des morceaux de glace. À cela près qu'il n'est pas question ici d'une fine plaque de glace à la surface de l'eau, mais plutôt d'une imposante banquise de plusieurs kilomètres d'épaisseur.

À la suite des indices découverts par *Voyager*, les missions *Galileo* (lancée en 1989) et *Cassini* (lancée en 1997) ont montré que des couches océaniques souterraines sont présentes sur plusieurs de ces lunes : tantôt proches de la surface pour Europe et Encelade, tantôt à plus grande profondeur – jusqu'à plusieurs dizaines de kilomètres – pour Ganymède, Callisto et Titan.

→ Montage d'images prises par *New Horizons* lors du survol de Jupiter et de sa lune volcanique Io (2007).

DES GEYSERS D'EAU

Mais l'observation la plus surprenante s'est produite en 2005, quand la sonde *Cassini* a détecté au pôle Sud d'Encelade d'immenses éruptions de vapeur d'eau, de gaz et de glace. Alors que la croûte de ce satellite de Saturne s'étend généralement sur 20 kilomètres d'épaisseur, on a constaté qu'elle est beaucoup plus fine au pôle Sud – moins de 2 kilomètres –, ce qui permet à l'eau de s'échapper au travers de fractures. Entre cette mince croûte et le cœur rocheux de la lune se cache donc un immense océan d'eau liquide. Le même phénomène a également été identifié sur Europe, de manière plus rare et plus difficile à observer. Néanmoins, on y détecte le même type de fractures et la présence de sels qui prouvent l'existence d'eau liquide dans les profondeurs.

La sonde spatiale *Cassini* a pu traverser certains de ces geysers afin de recueillir des échantillons et les analyser. Cependant elle n'était pas équipée pour rechercher des traces de vie.

DES FORCES DE MARÉE QUI RÉCHAUFFENT LES LUNES

Comment expliquer la présence d'eau sous forme liquide sur des corps aussi éloignés du Soleil ? On sait que la chaleur solaire reçue par un astre diminue avec le carré de sa distance. Ainsi Jupiter, qui est cinq fois plus loin du Soleil que la Terre, reçoit-il vingt-cinq fois moins d'énergie solaire. Pour Saturne, c'est cent fois moins. La température à la surface de ces planètes se situe donc bien en dessous de 0 °C. Si le noyau de ces lunes produit, comme celui de la Terre, de la chaleur par radioactivité naturelle, cette chaleur n'est pas suffisante pour maintenir l'eau à l'état liquide.

Alors comment expliquer la présence de ces océans souterrains dans ces conditions ? Il faut compter sur l'influence de la force gravitationnelle, qui fait s'attirer mutuellement deux corps massifs, et ce d'autant plus que leurs masses sont importantes. Autant dire que cette attraction est loin d'être négligeable quand on est en orbite autour de planètes aussi grosses que Jupiter ou Saturne. Autre paramètre important, l'existence d'une résonance orbitale – c'est-à-dire la synchronisation naturelle qui se produit entre une planète et ses lunes – entre plusieurs de ces satellites. Lorsqu'Europe fait un tour de Jupiter, Ganymède en fait deux, et Io quatre. Ainsi, ces satellites se perturbent mutuellement et la trajectoire de chacun n'est pas circulaire mais elliptique. Par conséquent, au fur et à mesure qu'une lune parcourt sa trajectoire, elle se retrouve plus ou moins proche de sa planète. La force d'attraction qu'elle subit varie donc au cours du temps. On appelle ces fluctuations « forces de marée »,

↑ Vue d'artiste d'un geyser d'eau sur la surface d'Europe (2013).

au même titre que celles que la Lune exerce sur la Terre en provoquant les marées océaniques. Sur les lunes glacées, la force de marée est si forte qu'elle malaxe leurs intérieurs. Cette friction continue réchauffe ces couches internes et permet à la glace qui s'y trouve de fondre. Ce mécanisme est analogue à ce qu'il se passe lorsque l'on frotte dans ses mains de la pâte à modeler : au bout d'un moment, celle-ci finit par chauffer. De même au niveau planétaire, tout corps déformé par des contraintes mécaniques a tendance à chauffer.

Cet effet de marée est d'autant plus intense que la distance entre la lune et sa planète est faible. Sur Io, lune la plus proche de Jupiter, l'intérieur a tellement chauffé que l'eau s'est évaporée et qu'il se produit des éruptions volcaniques en permanence à sa surface. Sur Europe, Ganymède et Callisto, plus éloignées, la situation est moins violente.

UN ENVIRONNEMENT POTENTIELLEMENT PROPICE À LA VIE

Même si la présence d'eau liquide ne fait aucun doute en profondeur, ces lunes restent un environnement très froid. Or, sur Terre, la grande majorité de la vie est dépendante de la lumière solaire, qu'il s'agisse des plantes ou du plancton, à la base de la chaîne alimentaire. Sans lumière, pas de photosynthèse, un mécanisme essentiel au développement de la vie, car il produit de l'oxygène et des matières organiques. Comment imaginer dès lors que des espèces vivantes puissent subsister dans ces régions profondes des lunes glacées, là où ne perce jamais la lumière du Soleil ? Il existe aussi de nombreux exemples d'organismes vivants capables d'utiliser la géochimie du volcanisme pour en tirer l'énergie nécessaire à leur survie. C'est notamment le cas autour des « fumeurs noirs » sur Terre, des cheminées hydrothermales situées sur l'axe des dorsales océaniques, où se développe, loin de toute lumière, un écosystème très riche.

La chaleur interne créée par les forces de marée pourrait-elle maintenir un volcanisme actif au fond de l'océan souterrain d'Europe ou d'Encelade ? Si cela reste encore à prouver, l'analyse de la matière contenue dans les geysers d'Encelade montre la présence de nanoparticules de silice qui peuvent être la marque d'une possible activité hydrothermale au niveau du plancher océanique, à l'endroit où l'eau liquide est directement au contact des roches qui composent le noyau. Partant de ce constat, le fait que cet environnement soit propice au développement de certaines formes

↑ Image de la surface glacée d'Europe (2014), réalisée à partir de prises de vue de *Galileo* à la fin des années 1990.

de vie apparaît comme une hypothèse envisageable, sous réserve d'avoir une concentration suffisante de sels minéraux dans cet océan pour garantir que des espèces vivantes puissent se nourrir et proliférer.

La situation diffère légèrement pour Ganymède et Callisto. Dans le cas particulier de ces lunes, l'océan d'eau liquide de quelques dizaines de kilomètres d'épaisseur seulement repose non pas sur un noyau rocheux mais sur une autre couche de glace. En effet, à très haute pression, l'eau peut se transformer en une autre forme de glace, appelée « glace hyperbare », et ce, même à très haute température. L'océan se retrouve ainsi comme « pris en sandwich » entre deux couches de glace. En dépit de cet isolement, un tel océan pourrait tout de même, sous certaines conditions, s'enrichir des minéraux indispensables à la vie qui sont contenus dans les roches situées encore plus profondément et transportées par les mouvements de la glace sous l'océan.

Enfin, tous ces astres, une fois formés, ont subi le bombardement de comètes et d'astéroïdes, dont certains ont pu venir déposer sur leur surface des molécules organiques, parfois complexes. Or, à cause de mouvements tectoniques, une partie de la croûte externe est susceptible de replonger vers l'intérieur de la lune. Le même phénomène se produit sur Terre au niveau des zones de subduction, par exemple au large de la Californie. Dès lors, il semble envisageable que des molécules organiques déposées en surface par des météorites aient pu, au fil des siècles, gagner les profondeurs et venir ensemencer les océans souterrains.

LE CAS PARTICULIER DE TITAN

Comme pour les autres lunes glacées, Titan, le plus grand satellite naturel de Saturne, montre des signes de la présence d'un océan dans ses entrailles. Tout d'abord, grâce au magnétomètre (voir « Comment détecter l'eau liquide à distance ? », ci-contre) de l'atterrisseur *Huygens*, qui s'est posé à sa surface en 2005, on a pu mettre en évidence des fluctuations du champ électrique de Titan qui peuvent s'expliquer par cette couche d'eau liquide. D'autres indices géodésiques suggèrent également l'existence de cet océan qui s'étendrait sur quelques dizaines de kilomètres d'épaisseur et serait situé à 50 kilomètres environ de profondeur.

Titan se distingue cependant des autres satellites par la présence d'une épaisse atmosphère riche en méthane. Or, lorsque ce gaz est soumis aux rayonnements ultraviolets et aux effets électriques liés à la proximité de Saturne, une chimie organique incroyablement complexe peut se mettre en place et créer en grande quantité des suies organiques, c'est-à-dire un ensemble de molécules complexes composées de carbone, d'azote et d'hydrogène. Ces suies seraient notamment responsables de la couleur rouge de Titan. Bien que cette matière chimique ne soit pas d'origine biologique, elle serait suffisamment riche pour permettre la vie.

On sait par ailleurs que des échanges se produisent entre l'intérieur de Titan et son atmosphère, car on retrouve dans cette dernière certains composés radioactifs qui ne peuvent se former que dans les roches au cœur de la lune. C'est pourquoi certains modèles physiques prédisent qu'après quelques millions d'années, il est tout à fait envisageable que des molécules soient capables de quitter la surface pour rejoindre l'océan d'eau liquide en profondeur.

Il existe sur Titan un cycle du méthane, comparable à celui de l'eau sur Terre, dont une partie se trouve à l'état liquide et forme des rivières et des lacs, notamment dans les régions polaires. Ce méthane pourrait-il jouer, sur Titan, le même rôle de solvant que l'eau a eu sur Terre pour permettre aux molécules de se rencontrer et à la vie de démarrer ? Plusieurs travaux de recherche ont exploré cette hypothèse. Ils restent à l'heure actuelle encore spéculatifs, car ils ne parviennent pas à résoudre l'ensemble des problèmes que pose le passage du non-vivant au vivant.

D'une part, le méthane ne permet pas facilement aux molécules de former des membranes, contrairement à l'eau. D'autre part, même si la pression à la surface de Titan permet au méthane d'être à l'état liquide, il fait très froid. Or, plus la température est basse, plus les mouvements des molécules sont ralentis et, par conséquent,

COMMENT DÉTECTER L'EAU LIQUIDE À DISTANCE ?

Même sans la voir, il est possible de confirmer la présence d'eau liquide en employant plusieurs méthodes. La première possibilité est d'analyser la manière dont l'eau liquide perturbe le champ électromagnétique de la planète. Dans le cas de Jupiter, ce champ est suffisamment fort pour qu'il soit possible de percevoir, au niveau de ses satellites, de subtiles perturbations. Cette approche a ainsi mis en évidence la présence d'une couche conductrice sous la surface d'Europe, mais aussi de Callisto. Le cas de Ganymède est plus particulier, car cette lune possède son propre champ magnétique (vraisemblablement dû à un cœur métallique comme celui de la Terre). Néanmoins, la précision des instruments de mesure a permis de conclure au même type de perturbations ici aussi. Le second procédé fait appel à des méthodes de géodésie, en observant les perturbations de la gravité ou de la nutation – c'est-à-dire le mouvement d'oscillation périodique effectué par l'axe de rotation d'un astre. Ce phénomène est analogue à la différence de mouvement que l'on observe lorsqu'on fait tourner un œuf cru (dont l'intérieur est liquide) ou un œuf dur. Selon le degré de cuisson de l'œuf, la rotation ne sera pas identique. Ces méthodes permettent non seulement de prouver l'existence d'une couche liquide, mais également d'estimer sa profondeur.

L'EAU, SOLVANT DE LA VIE TERRESTRE

La molécule d'eau est formée d'un atome d'oxygène pour deux atomes d'hydrogène, l'ensemble étant réparti selon une structure coudée. Même si la molécule ne possède globalement pas de charge électrique, la situation est un peu différente lorsqu'on regarde au niveau des différents atomes. Ainsi, l'oxygène a tendance à légèrement se charger négativement alors que c'est l'inverse pour l'hydrogène. Ce phénomène, couplé à la géométrie particulière de la molécule, fait de l'eau une molécule polarisée. Comme les charges opposées s'attirent, cette propriété de l'eau lui confère une capacité spéciale : établir des connexions électriques, appelées « liaisons hydrogènes », entre ses atomes et ceux des molécules voisines. Et ces liaisons ne se limitent pas aux molécules d'eau entre elles. Grâce à son caractère polaire, l'eau constitue par conséquent un excellent solvant pour des composés tels que les sels. En se liant aux constituants ioniques de ces sels, l'eau liquide parvient à encapsuler leurs ions dans une membrane constituée de plusieurs molécules, facilitant ainsi leur dissolution. Certaines molécules organiques, appelées amphiphiles, possèdent une partie, hydrophile, qui apprécie le voisinage de l'eau, et une autre, hydrophobe, qui tend à repousser les molécules du solvant. C'est le cas notamment de certains lipides qui vont alors s'associer les uns avec les autres. En se regroupant, ils forment des membranes permettant de donner corps aux cellules biologiques.

plus leur rencontre et la réaction chimique qui en résulte sont difficiles. La question de la vie sur Titan demeure ouverte si l'on envisage des processus sur des échelles de temps plus longues que sur Terre.

LES FUTURES MISSIONS SPATIALES

Aux États-Unis comme en Europe, l'intérêt pour les lunes glacées demeure important, à tel point que la NASA et l'ESA préparent actuellement plusieurs missions afin de poursuivre plus précisément l'étude de ces astres.

La première à être lancée sera *JUICE*, une mission de l'ESA prévue pour 2022. Grâce à des spectromètres dédiés, la sonde sera capable de mieux analyser et caractériser la nature des molécules qui s'échappent des lunes, notamment par ces geysers. Toutefois, la mission principale de *JUICE* n'est pas la recherche de vie mais l'étude des océans et de la géologie des différentes lunes glacées.

Du côté de l'agence américaine, la mission *Europa Clipper* visera, comme son nom l'indique, Europe. Outre un magnétomètre encore plus précis que celui de ses prédécesseurs, la sonde disposera également d'un radar afin de sonder la glace. Ici non plus, le but n'est pas – encore – de mener l'enquête sur la vie, mais de mieux comprendre ce qu'il se passe réellement dans les profondeurs de cette lune. Les instruments d'*Europa Clipper* sont ainsi destinés à estimer précisément la profondeur de l'océan souterrain et à déterminer la présence ou non de volcanisme. Les scientifiques espèrent que les résultats obtenus permettront l'élaboration de nouvelles missions, dédiées cette fois-ci à la recherche effective de formes de vie. Il demeure toutefois une incertitude sur la date de départ d'*Europa Clipper*, initialement planifiée vers 2025. Rien ne garantit que la nouvelle fusée chargée du lancement sera opérationnelle à cette date.

Si ces missions se limitent à des sondes spatiales en orbite autour de Jupiter, les États-Unis envisagent à plus long terme d'envoyer

↑ Vue d'artiste de la glace qui pourrait se former sur une mer d'hydrocarbures sur Titan (2013).

un atterrisseur qui pourra explorer la surface d'Europe et ainsi mieux comprendre le satellite. Du côté de Saturne, Titan devrait voir arriver le drone volant *Dragonfly* aux environs de 2034. Son rôle sera d'explorer des dizaines de sites distants de plusieurs kilomètres et de couvrir une plus grande surface que ne le pourrait un rover. Il faut dire que Titan, avec son atmosphère quatre fois plus dense et sa gravité sept fois plus faible que la Terre, se prête bien à ce mode d'exploration.

Enfin, l'étape ultime serait naturellement d'envoyer un sous-marin dans l'un de ces océans souterrains. S'il est probable que ce type de projets se concrétise un jour, il faudra sans nul doute attendre *a minima* le prochain siècle. L'une des principales difficultés est de pénétrer la surface pour atteindre l'eau. Le moyen le plus simple serait de chauffer la glace pour la faire fondre et ainsi descendre plusieurs kilomètres pour rejoindre l'océan. Malheureusement, les propriétés de la glace de surface, et notamment de conduction thermique, nécessiteraient une source de chaleur irréaliste pour ce type d'opération. La deuxième option consisterait donc à forer la croûte mais, là aussi, l'opération est techniquement très difficile à accomplir. *Quid* d'un éventuel programme de retour d'échantillons ? Cette perspective reste aujourd'hui, et pour longtemps encore, hors de portée technologiquement.

BILAN : QUELLE PROBABILITÉ DE TROUVER DE LA VIE SUR LES LUNES GLACÉES ?

Depuis la découverte de leur potentiel pour la vie, ces lunes glacées suscitent un intérêt constant de la communauté scientifique. À tel point qu'au fil des années, l'idée que d'autres corps glacés du système solaire puissent posséder des couches liquides en leur sein commence à faire son chemin.

En s'appuyant sur l'ensemble des données à leur disposition, les astronomes en viennent même à envisager qu'une planète naine comme Pluton, même isolée aux confins du système solaire, pourrait abriter un océan souterrain…

LES LUNES GLACÉES

LUNES DE JUPITER

DISTANCE AU SOLEIL : 778 MILLIONS DE KM
(5,2 FOIS LA DISTANCE TERRE-SOLEIL)

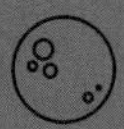

	EUROPE	GANYMÈDE	CALLISTO
DISTANCE DE JUPITER	671 100 km	1,1 million de km	1,9 million de km
RAYON	1 560 km (24 % de la Terre)	2630 km (41 % de la Terre)	2410 km (37,2 % de la Terre)
MASSE	4,8 x 10^{22} kg (0,8 % de la Terre)	1,482 x 10^{23} kg (2,5 % de la Terre)	1,076 x 10^{23} kg (1,8 % de la Terre)
TEMPÉRATURE DE SURFACE	-140 °C	-160°C	-140°C
PÉRIODE DE ROTATION ET DE RÉVOLUTION	3 jours 13 heures	7 jours 4 heures	16 jours 16 heures

LUNES DE SATURNE

DISTANCE AU SOLEIL : 1,4 MILLIARD DE KM
(9,5 FOIS LA DISTANCE TERRE-SOLEIL)

ENCELADE

DISTANCE DE SATURNE

238 000 km

RAYON

252 km
(4 % de la Terre)

MASSE

1,079 x 10^{20} kg
(0,002 % de la Terre)

TEMPÉRATURE DE SURFACE

-200 °C

PÉRIODE DE ROTATION ET DE RÉVOLUTION

1 jour 9 heures

TITAN

DISTANCE DE SATURNE

1,2 million de km

RAYON

2 570 km
(40 % de la Terre)

MASSE

1,345 x 10^{23} kg
(2,3 % de la Terre)

AU-DELÀ DE LA VOIE LACTÉE

Le système solaire : une étoile, 8 planètes – depuis 2006, Pluton n'est plus considérée comme une planète mais comme une planète naine –, d'innombrables lunes... et déjà plusieurs mondes pouvant peut-être accueillir des formes de vie. Changeons d'échelle : les astronomes estiment que notre galaxie, la Voie lactée, contient entre 200 et 400 milliards d'étoiles. Et elle n'est qu'une galaxie parmi d'autres dans l'immensité du cosmos. Ces chiffres démesurés soulèvent une question essentielle : si la vie existe ailleurs dans l'univers, comment y avoir accès ?

Après la Seconde Guerre mondiale, le développement des premiers radiotélescopes a ouvert la voie à la réception de signaux que nous enverrait une hypothétique civilisation extraterrestre. L'équation de Drake, du nom de son auteur l'astronome américain Frank Drake, cherche à calculer la probabilité qu'un tel contact existe avec une forme de vie extraterrestre. Mais derrière cette question d'apparence simple se cachent en réalité des problèmes scientifiques complexes : combien d'étoiles ont des planètes ? Quelle est la fraction de ces planètes sur laquelle des formes de vie peuvent apparaître ? Et quelle est la portion de ces formes de vie qui deviendront suffisamment avancées pour être en mesure de communiquer avec nous ?

→ Représentation de la région centrale de la Voie lactée, résultant d'un trio d'images prises par les télescopes *Hubble*, *Spitzer*, et l'observatoire aux rayons X *Chandra* (2009).

→ Vue d'artiste du système stellaire TRAPPIST (découvert par le petit télescope *Trappist* et le télescope spatial *Spitzer*), tel qu'il pourrait être vu depuis la Terre (2017).

UNE GRANDE DIVERSITÉ DE PLANÈTES EXTRASOLAIRES

Pour que la vie puisse exister hors du système solaire, encore faut-il qu'elle trouve une planète où s'installer. Or, la certitude que les planètes existent en abondance dans l'univers constitue une révolution scientifique très récente.

Il a fallu attendre 1995 pour découvrir, pour la première fois, une planète gravitant autour d'une étoile similaire au Soleil. Cette planète extrasolaire, ou exoplanète, a été appelée 51 Pegasi b, en référence à l'étoile 51 Pegasi autour de laquelle elle tourne. Mais la découverte de milliers d'autres exoplanètes autour de plusieurs centaines d'étoiles aura été nécessaire avant que les scientifiques puissent affirmer sans ambiguïté que la plupart des étoiles sont vraisemblablement entourées de planètes.

Au fur et à mesure que se dévoilaient ces nouveaux mondes, on a découvert que la structure du système solaire, avec des planètes rocheuses à l'intérieur et des planètes géantes loin de l'étoile, ne constituait pas la norme. Dans ce nouveau bestiaire galactique, le Soleil, plus gros que la plupart des étoiles étudiées, paraît atypique. Le système planétaire classique ressemblerait plutôt à une série de planètes similaires à Neptune orbitant autour d'une étoile plus petite que la nôtre. On constate également que les planètes de ce système gravitent plus près de leur étoile.

Il faut toutefois relativiser cette analyse, car les observations sont fortement biaisées. Tout d'abord, il existe une hiérarchie d'échelle dans les systèmes planétaires : moins l'étoile est massive, plus ses planètes se forment près d'elle. D'autre part, il est plus facile de voir les étoiles qui sont les plus proches de la Terre. Enfin, l'étude des exoplanètes est fortement contrainte par les performances actuelles de nos méthodes de détection.

Historiquement, les premières exoplanètes découvertes ont été des planètes énormes gravitant très près de leur étoile, ce qui leur a valu le surnom de « Jupiters chauds ». On a donc pensé à une époque que la majorité des exoplanètes seraient de ce type. En réalité, elles s'avèrent moins nombreuses que cela : on découvre notamment de plus en plus de planètes rocheuses de la taille de la Terre autour de petites étoiles. À commencer par notre plus proche voisine, Proxima du Centaure, située à seulement 4 années-lumière. Autour de cette étoile, une naine rouge qui fait un dixième de la masse de notre Soleil, on a localisé en 2016 une exoplanète, Proxima Centauri b, située dans la zone habitable de son étoile. Toutefois, en raison des limitations techniques des instruments, on ne parvient pas encore à observer ce type d'exoplanète en orbite autour d'une étoile de la taille du Soleil.

EXOPLANÈTES ET EAU LIQUIDE

Pendant longtemps, on a détecté des planètes rocheuses, dont la masse pouvait aller jusqu'à dix fois celle de la Terre, qui étaient systématiquement soit trop proches, soit trop éloignées de leur étoile. Il a fallu attendre 2011 pour trouver les premières planètes rocheuses en zone habitable, c'est-à-dire dans une région de l'espace où l'eau liquide en surface est envisageable – même si « envisageable » ne veut pas dire qu'un océan existe bel et bien sur ces exoplanètes. Il est de toute façon impossible à l'heure actuelle d'imager la surface de ces planètes pour en avoir le moindre indice. Sans compter qu'elles orbitent souvent autour d'étoiles de classe M, c'est-à-dire des étoiles qui sont beaucoup plus chaudes au début de leur vie et qui auraient pu faire s'évaporer toute l'eau qu'elles contenaient.

Les progrès en instrumentation permettent aujourd'hui de commencer à étudier la composition des atmosphères. Cela reste néanmoins encore restreint aux planètes plus grosses. Dans certains cas, on parvient à connaître la masse et la taille de ces planètes, ce qui permet d'avoir une idée de leur densité moyenne. Grâce à cette information, il devient possible de comprendre un peu plus précisément de quoi elles sont faites.

Imaginons que l'on découvre, dans la zone habitable, un monde deux fois plus grand que la Terre mais avec une densité plus faible. Cela peut s'expliquer de plusieurs manières. Première hypothèse : on se trouve face à une planète dont la partie supérieure du manteau (la couche intermédiaire entre le noyau et la croûte) est très riche en glace. En effet, la glace est moins dense que les roches du manteau terrestre. À une telle distance de son étoile, une partie de l'eau doit

ÉQUATION DE DRAKE

C'est aux débuts des années 1960 que Frank Drake propose de mettre en place le programme SETI (*Search for Extra-Terrestrial Intelligence*, « recherche d'intelligence extraterrestre » en français).
Il pense que si une civilisation extraterrestre, au moins aussi avancée technologiquement que la nôtre, existe, elle doit être en capacité de nous envoyer des messages. Raison de plus pour commencer à écouter le cosmos...
Quelle est la probabilité qu'un tel signal existe ? Le chercheur tente d'apporter une réponse scientifique en proposant l'équation qui porte aujourd'hui son nom.
Il s'agit en réalité d'une formule à 7 facteurs qui nous renseignerait sur cette probabilité :

- le nombre d'étoiles dans notre galaxie (R^*) ;
- le pourcentage de ces étoiles qui possèdent une ou plusieurs planètes (f_p) ;
- le nombre de ces planètes susceptibles d'accueillir la vie (n_e) ;
- la fraction de ces planètes habitables sur lesquelles la vie est effectivement apparue (f_l) ;
- la part de ces planètes habitées sur lesquelles une forme de vie intelligente et technologiquement avancée a pu se développer (f_i) ;
- la proportion de ces civilisations intelligentes qui émettent des signaux que l'on peut capter à très grande distance (f_c) ;
- la durée de vie moyenne d'une civilisation avant que celle-ci ne disparaisse (L).

Si le nombre calculé par le produit de ces facteurs, N, est supérieur à 1, alors il doit exister, quelque part dans notre galaxie, autant de civilisations capables de communiquer avec la Terre.

$$N = R^* \times f_p \times n_e \times f_l \times f_i \times f_c \times L$$

MÉTHODE
DE DÉTECTION DES EXOPLANÈTES

Les astronomes utilisent principalement deux méthodes pour découvrir une exoplanète en orbite autour d'une étoile. Il est très difficile de voir directement une planète lointaine, car celle-ci n'émet pas de lumière et reflète, semble-t-il, très peu celle de son étoile. Historiquement, la première à avoir été utilisée est *la méthode des vitesses radiales*. Lorsqu'une planète orbite autour d'une étoile, elle génère une force gravitationnelle sur cette dernière, ce qui la fait légèrement se déplacer. Si ce mouvement est invisible à l'œil nu, on en voit la trace dans la lumière émise par l'étoile. Le phénomène est similaire, pour le rayonnement lumineux, à l'effet Doppler pour le son : quand une ambulance se rapproche ou s'éloigne de nous, sa sirène semble changer de tonalité. Dans le cas d'une étoile, sa lumière apparaît un peu plus bleue ou un peu plus rouge en fonction de son mouvement. Plus la planète est massive et proche de l'étoile, plus ce décalage est important. La méthode des vitesses radiales donne la masse minimum d'une exoplanète. La seconde méthode est *la méthode des transits*. Elle consiste à analyser la baisse de la luminosité de l'étoile lorsqu'une planète passe devant elle et provoque une « mini-éclipse ». Plus la planète est grosse et plus l'étoile est petite, plus la baisse de luminosité est importante. La méthode des transits donne la taille d'une exoplanète. Idéalement, il faudrait donc appliquer ces deux méthodes d'observation afin d'obtenir le maximum d'informations, cela est parfois compliqué à réaliser.

nécessairement se retrouver à l'état liquide. On aurait alors affaire à une planète-océan, c'est-à-dire une exoplanète entièrement recouverte d'un océan d'eau liquide. Seconde hypothèse : il s'agit d'une planète comme la Terre entourée d'une épaisse atmosphère d'hydrogène, une sorte de « mini-Neptune ». Impossible de trancher pour l'instant entre ces deux options.

Pour avancer dans la quête de cette vie extraterrestre, il est donc impératif de pouvoir mieux comprendre la composition atmosphérique et le climat de ces exoplanètes. Plusieurs systèmes planétaires suscitent d'ores et déjà l'attention des astronomes. Proxima Centauri b tout d'abord, une planète un peu plus massive que la nôtre. Malheureusement, la Terre n'est pas bien positionnée par rapport à sa trajectoire et il est impossible de l'étudier par la méthode des transits. Difficile alors d'avoir une idée de sa taille. Un autre système a connu une reconnaissance médiatique lors de sa découverte en 2017 : TRAPPIST. Et pour cause : il s'agit d'une toute petite étoile rouge – seulement un dixième de la masse du Soleil – autour de laquelle on a découvert pas moins de 7 planètes en transit. Le système est si compact qu'il rentrerait dans la distance entre le Soleil et Mercure. Néanmoins, comme l'étoile est moins chaude que le Soleil, trois de ces exoplanètes se trouvent, malgré leur proximité, en zone habitable.

Comment découvrir si ces planètes possèdent un océan d'eau liquide ? Sachant qu'on ne dispose pas de méthodes d'observation directe de leur surface, il faut imaginer des méthodes de détection indirectes, par exemple découvrir, grâce à la spectroscopie, la présence de vapeur d'eau dans leur atmosphère.

On étudie pour cela la manière dont la lumière de l'étoile est absorbée ou déviée quand elle traverse l'atmosphère de la planète en transit. Ces altérations sont autant de signatures caractéristiques des éléments chimiques qui la composent. L'une des principales difficultés réside dans la précision que peuvent atteindre les instruments de mesure actuels.

LA DIFFICILE QUÊTE DES BIOSIGNATURES

Comment aller plus loin et trouver des preuves de vie sur ces planètes ? Il faut tout d'abord définir clairement ce qui constituerait un indice d'une activité biologique – une « biosignature » dans le langage scientifique. Et cette définition est loin de faire consensus au sein de la communauté des exobiologistes. Une approche classique consiste à considérer qu'une biosignature est la marque d'un déséquilibre chimique qui n'est explicable que par une activité de type biologique.

Ainsi, sur Terre, l'atmosphère est composée à 21 % d'oxygène. Cet oxygène, quasiment entièrement d'origine biologique, est par ailleurs responsable de la présence de l'ozone. Si l'on mettait en évidence la présence de ces gaz dans l'atmosphère d'une planète, on serait enclin à la comparer à la Terre, à plus forte raison si on y trouvait également du dioxyde de carbone et de la vapeur d'eau. Cette dernière étant par ailleurs censée détruire l'ozone, cela indiquerait d'autant plus fortement la présence d'une source capable de régénérer l'oxygène sur cette planète.

↓ Vue d'artiste du télescope *Kepler* (2018). La mission s'est achevée après 9 ans dans le ciel, l'engin spatial manquant de carburant.

Mais le problème principal reste le passage de l'indice à la preuve, qui demeure difficile à obtenir. Le processus sera nécessairement long. Quel en serait un scénario crédible ? La première étape sera amorcée par la prochaine génération de télescopes, le *JWST* (*James Webb Space Telescope*) et l'*ELT* (*Extremely Large Telescope*), qui scruteront la composition de ces atmosphères. Puis ce sera le rôle de la génération suivante d'instruments. Pour chaque indice récolté, les chercheurs réfléchiront à des modèles atmosphériques pour tenter d'expliquer ces observations sans faire appel à une activité biologique. Et probablement que, pour un grand nombre de cas, ils parviendront à fournir une explication scientifiquement acceptable. Mais pour les cas les plus incertains, on jugera peut-être opportun de construire un instrument entièrement dédié à la réalisation de l'imagerie de ces planètes. Pourrait-on y envoyer une sonde d'exploration comme sur Mars ou sur Jupiter ? La distance joue contre nous. Rien que pour Proxima du Centaure, l'étoile la plus proche de notre système, une sonde lancée par les fusées actuelles mettrait plusieurs dizaines de milliers d'années pour arriver à destination. L'avenir de l'observation des exoplanètes semble donc contraint à se limiter à d'énormes télescopes.

En dehors de l'oxygène, d'autres marqueurs atmosphériques pourraient éventuellement indiquer une activité biologique. La pollution atmosphérique créée par l'activité d'une civilisation élaborée ? Oui, éventuellement, mais cela restera difficile à prouver. Détecterait-on des essais nucléaires ? *A priori* non, car ils ne

LES TÉLESCOPES DU FUTUR

Il existe deux grandes familles de télescopes : les spatiaux et les terrestres. Les télescopes spatiaux ont l'avantage de travailler dans le vide de l'espace, sans bruit de fond notable, mais ils sont contraints de rester relativement compacts si l'on veut pouvoir les lancer. À l'inverse, les télescopes terrestres peuvent occuper une place beaucoup plus importante, mais ils doivent subir les perturbations atmosphériques.

Le télescope spatial le plus célèbre est très certainement *Hubble*, lancé en 1990. On lui doit une partie des plus belles images des galaxies peuplant notre univers. Son successeur, le *JWST*, doit normalement être lancé en 2021, après de multiples retards. L'une de ses missions sera précisément l'étude des systèmes planétaires. Avec une puissance cent fois supérieure à *Hubble*, certains scientifiques imaginent même pouvoir détecter d'éventuelles lunes autour d'exoplanètes.

Au sol, la prochaine génération de télescopes verra l'arrivée de l'*ELT*. Ce télescope géant sera construit dans le désert de l'Atacama, au Chili – un endroit connu pour sa faible pollution lumineuse et atmosphérique, ce qui en fait un lieu d'observation privilégié pour l'univers profond.

Prévu pour entrer en service en 2025, il sera le télescope terrestre le plus puissant grâce à son miroir de 39 mètres de diamètre. Il devrait donc être capable d'étudier l'atmosphère d'exoplanètes afin d'y détecter des molécules de vapeur d'eau, de dioxyde de carbone ou d'oxygène.

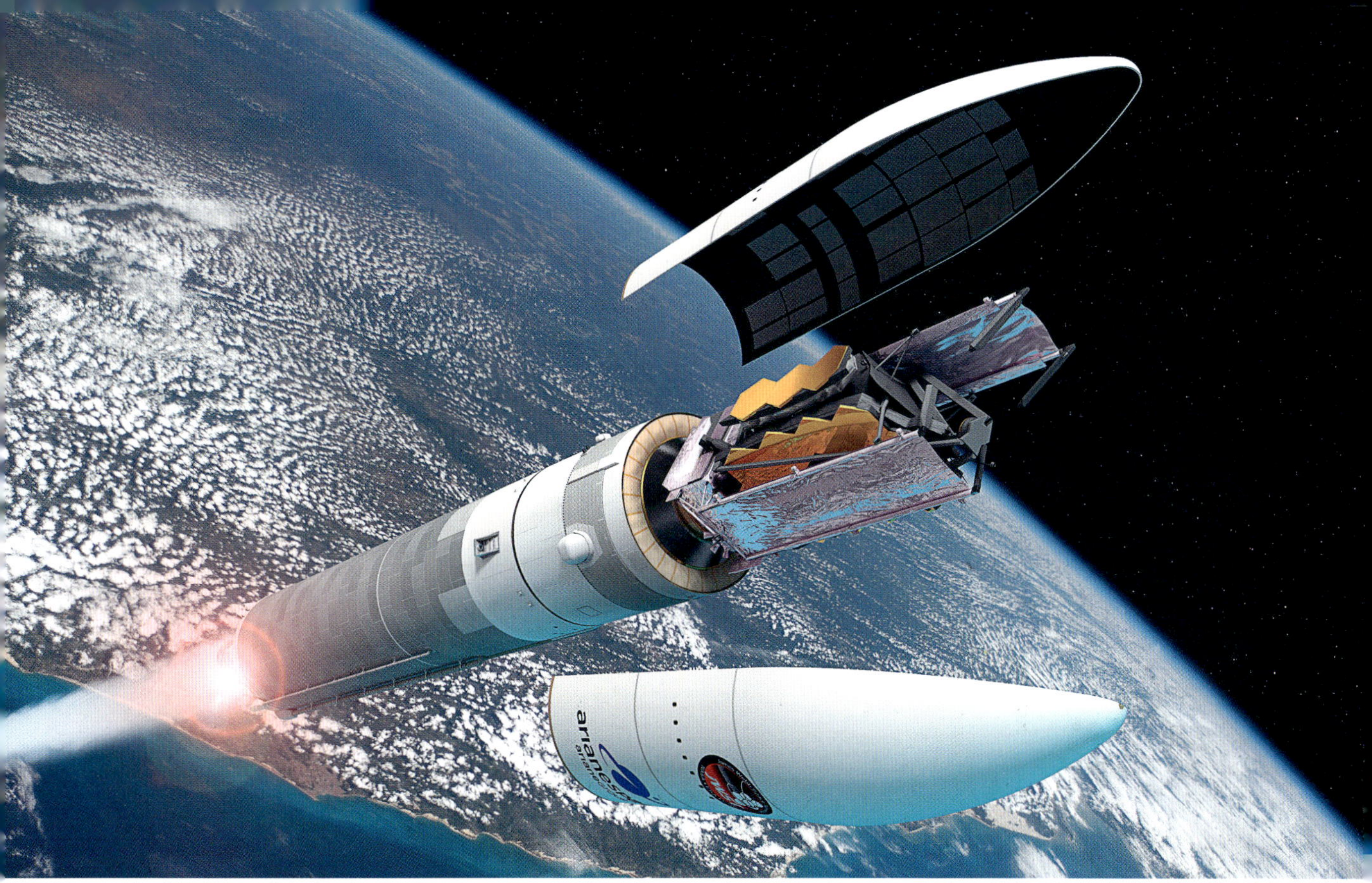

laissent pas de traces visibles à distance. À l'inverse, si des extraterrestres observaient la Terre à distance, que verraient-ils ? De nombreux indices de vie à la surface : oxygène, ozone, méthane et même des polluants étranges comme les chlorofluorocarbones (CFC), ces gaz à effet de serre responsables du trou dans la couche d'ozone. Cela nécessiterait tout de même de disposer de moyens sophistiqués. Le grand pionnier de ce type de raisonnement a été l'astronome américain Carl Sagan, l'un des premiers à accorder de l'importance à l'étude de la vie à l'échelle de l'univers. En utilisant les données de la sonde Galileo lorsque celle-ci a survolé la Terre, il s'est demandé s'il était possible de voir que cette petite planète bleue était effectivement habitée. Si l'exercice est intéressant et intellectuellement stimulant, il demeure spéculatif. La grande difficulté ne sera pas de découvrir des indices surprenants, mais de prouver qu'ils sont des signes de vie.

Malgré toutes ces limitations et ces questionnements, le simple fait d'être capable de mener l'enquête et de découvrir ces indices reste en soi une formidable réussite.

↑ Vue d'artiste du télescope *JWST* sur un lanceur *Ariane 5*. Ce projet international devrait être lancé depuis la Guyane en 2021.

« MAIS OÙ SONT-ILS ? » : LES EXTRATERRESTRES ET LE PARADOXE DE FERMI

Si l'on considère que la vie extraterrestre existe dans l'univers ailleurs que sur Terre, n'aurions-nous pas déjà dû en avoir des preuves ? C'est en substance le problème que souleva le physicien et prix Nobel italien Enrico Fermi en 1950. On retrouve dans cet énoncé les questions sous-jacentes à la formulation plus formelle qu'en fera Frank Drake dix ans plus tard. Selon Fermi, le nombre de civilisations extraterrestres est tellement grand qu'il n'est pas possible d'expliquer n'en avoir jamais perçu aucun indice. Comment sortir de cet apparent paradoxe ?

Si une civilisation extraterrestre souhaite communiquer avec la Terre, encore faut-il que l'on soit en mesure de l'écouter. Malgré les avancées technologiques apportées par les radiotélescopes modernes, il serait faux de croire

↑ L'*Allen Telescope Array*, du programme SETI, en Californie, cherchant des signaux d'une vie extraterrestre intelligente.

que l'on peut aujourd'hui écouter toutes les étoiles, sur toutes les fréquences de diffusion possibles, et en pouvant décoder un éventuel message par la suite. Même un programme scientifique comme SETI, très ambitieux à l'époque de sa création, n'a pu s'intéresser qu'aux étoiles proches, sans pouvoir écouter l'ensemble du cosmos. En effet, plus une étoile est lointaine, plus le signal radio qu'émettrait une de ses planètes se disperse et arrive beaucoup trop atténué sur Terre pour être observable. Lancé en 2015 et financé en partie par le milliardaire russe Yuri Milner, le projet Breakthrough Listen prévoit d'étendre les capacités d'écoute vers un million d'étoiles proches du système solaire.

Un autre paramètre qui a également son importance : les échelles de grandeur. Sachant que l'âge de l'univers est de 13,7 milliards d'années et que la lumière, le messager d'information le plus rapide qui soit, ne se propage qu'à une vitesse finie, nous sommes d'ores et déjà limités aux seules régions du cosmos suffisamment proches pour qu'un signal ait eu le temps d'arriver jusqu'à nous. Cela représente tout de même une zone gigantesque d'exploration. Pour commencer, on se limite donc à notre propre galaxie, la Voie lactée, une galaxie spirale composée d'un cœur et de plusieurs bras. Le Soleil, et donc la Terre, se situent dans un de ces bras, à 40 000 années-lumière de son centre. Une distance certes impressionnante, mais minuscule à l'échelle de l'univers. Et lorsqu'on étudie des exoplanètes, celles-ci se situent sur des distances encore plus petites. La méthode des vitesses radiales permet d'observer seulement à quelques dizaines d'années-lumière. Un autre grand fournisseur de données sur les exoplanètes est le télescope *Kepler*, mais il se limite à une minuscule fraction du cosmos, dans laquelle on trouve déjà des centaines d'étoiles, en grande majorité plus petites que le Soleil. On estime que dans une bulle de 30 à 40 années-lumière autour de nous, il n'y a qu'une vingtaine d'étoiles de la taille de la nôtre.

Autre critère à prendre en compte : la synchronicité. On n'écoute réellement l'espace que depuis un demi-siècle, ce qui ne représente qu'un instant microscopique si on le rapporte aux 4,5 milliards d'années de notre système solaire. La probabilité pour que deux civilisations puissent se développer à des époques proches et soient suffisamment avancées pour communiquer l'une avec l'autre ne serait-elle pas infiniment mince ? Difficile à dire tant que les variables de l'équation de Drake restent floues. On observe de plus en plus de planètes, mais combien auront de l'eau liquide ? Combien auront vu la vie démarrer et atteindre un degré d'évolution similaire au nôtre ? Il reste toutefois peu probable que se trouve, dans notre petite bulle observable, une civilisation, mais cela ne signifie pas qu'il n'en existe pas ailleurs dans notre galaxie, voire dans d'autres galaxies.

Enfin, la question du signal de communication n'est qu'une composante du paradoxe de Fermi, qui soulève également d'autres problématiques, notamment celle des visites et des artefacts extraterrestres. Cela fait 4 milliards d'années que la Terre existe ; par conséquent, s'il existait une civilisation extraterrestre avancée, celle-ci aurait probablement eu le temps de venir sur Terre et d'y laisser sa marque.

BILAN : QUELLE PROBABILITÉ DE TROUVER LA VIE AILLEURS DANS L'UNIVERS ?

Historiquement, nos connaissances en géophysique ou en chimie organique se sont construites sur le seul exemple à disposition, notre planète, où tout a fonctionné. Longtemps, ce point de vue privilégié nous a poussés à considérer que le système solaire était un modèle pour tous les systèmes planétaires. On continue par ailleurs de penser qu'une planète avec de l'eau liquide a de fortes chances d'accueillir la vie.

Depuis la formulation du paradoxe de Fermi, de nombreux scientifiques ont proposé leurs solutions, mais celles-ci restent pour le moment difficilement démontrables. La plus fascinante, mais peut-être aussi la plus critiquée, est l'hypothèse du « zoo » du physicien américain John Ball. Énoncée en 1973, celle-ci suggère que si nous n'avons pas rencontré de civilisation extraterrestre, c'est tout simplement parce que celle-ci nous observe à distance et s'interdit d'interagir avec nous afin de ne pas influencer notre évolution naturelle. Les mêmes considérations qui poussent nos scientifiques à étudier les animaux dans leur habitat naturel amèneraient ces extraterrestres à en faire de même avec notre planète. Il y a de quoi voir, ici aussi, une manifestation de ce principe anthropique qui voudrait rendre universelles nos méthodes et nos connaissances scientifiques. Les récits de science-fiction ne sont pas en reste pour proposer leur propre approche du paradoxe de Fermi. L'hypothèse du « zoo » n'est d'ailleurs pas sans rappeler la « Directive première » de la série *Star Trek*, une règle de non-interférence dans le développement d'espèces technologiquement moins avancées. Il faudra probablement du temps et de nombreuses découvertes scientifiques avant de parvenir à s'affranchir de ce biais de pensée, certes un peu chauvin mais en définitive profondément humain.

CHAPITRE 2

QUELLE EST LA NATURE DES TROUS NOIRS ?

AVEC

ALAIN RIAZUELO

Chercheur au CNRS à l'Institut d'astrophysique de Paris, spécialiste de la cosmologie primordiale et des trous noirs

UN CONCEPT DEVENU RÉALITÉ

Le trou noir : un monstre cosmique, invisible, qui aspire et emprisonne tout ce qui passe à proximité. Une source de fantasmes qui a inspiré de nombreuses œuvres de science-fiction, parmi lesquelles le roman *Hypérion* (Dan Simmons, 1989) ou le film *Interstellar* (Christopher Nolan, 2014) pour n'en citer que quelques-unes. L'existence des trous noirs est souvent reliée à la théorie de la relativité d'Albert Einstein, tant celle-ci a bouleversé notre compréhension de l'espace et du cosmos. En réalité, ce sont des objets dont on a suspecté l'existence bien avant les travaux d'Einstein. Et auxquels on donnait alors un tout autre nom.

← Sur cette image observée par le télescope spatial *Hubble*, les rouges et les bleus de la galaxie spirale M83 révèlent les lieux de formation des étoiles (2017).

→ Vue d'artiste d'un trou noir supermassif, au milieu de la galaxie naine ultracompacte M60-UCD1 (2017). Les télescopes *Hubble* et *Gemini North* ont déterminé sa présence.

TROU NOIR ET VITESSE DE LIBÉRATION

En astronomie, la vitesse de libération, aussi appelée « vitesse d'évasion », décrit la vitesse à laquelle un corps sans propulsion autonome doit être lancé pour échapper définitivement à l'attraction gravitationnelle d'un astre. Sur Terre, cette vitesse vaut un peu plus de 40 000 km/h. Cette notion s'explique naturellement à partir des équations de la gravitation formulées par Newton à la fin du XVIIe siècle.

À cette même époque, le consensus s'établit autour de l'idée que la lumière ne se déplace pas instantanément mais à une certaine vitesse, certes très grande mais qui reste finie, de l'ordre de centaines de milliers de kilomètres par seconde. À titre de comparaison, alors que la Terre met une année pour faire le tour du Soleil, il ne faut à la lumière qu'une cinquantaine de minutes pour parcourir la même distance. Elle met par conséquent un certain temps à parcourir la distance séparant deux points de l'espace. Or, si l'on considère que la lumière est soumise à la gravité comme n'importe quel corps, il est logique de conclure que, si un astre est suffisamment compact, sa vitesse de libération sera supérieure à la vitesse de la lumière et que cette dernière finira piégée dans son champ de gravitation, sans jamais pouvoir s'échapper. Aucune lumière émise par cet objet ne pouvant plus parvenir jusqu'à nous, nous aurions l'impression d'être face à un corps totalement invisible.

Dans quelles conditions un tel astre peut-il exister ? Pour le savoir, deux scientifiques se penchent sur la question à la fin du XVIIIe siècle : le Français Pierre-Simon de Laplace et l'Anglais John Michell. Ils utilisent le Soleil comme référence : pour que celui-ci soit un trou noir, quelle devrait être sa taille ? D'après leurs calculs, deux cent mille fois moindre qu'actuellement, ce qui représenterait une étoile des millions de milliards de fois plus dense : un chiffre qui leur paraît totalement absurde. Autre calcul : si l'on prenait un trou noir de même densité que la Terre, à quoi ressemblerait ce corps ? Laplace et Michell déterminent qu'il serait plus grand que la distance qui nous sépare du Soleil et des millions de fois plus massif que notre étoile. Ici aussi, les résultats leur semblent délirants.

La situation évolue toutefois au début du XXe siècle, avec la découverte d'astres beaucoup plus denses : les naines blanches. Il s'agit de cadavres d'étoiles qui, arrivées en fin de vie, se sont comprimées sous l'effet de leur propre gravité. Leur existence avait été suspectée dès la fin du XIXe siècle mais il faut attendre le siècle suivant pour qu'elles soient effectivement découvertes et étudiées. Ce sont des corps célestes qui peuvent avoir la masse du Soleil (trois cent trente mille fois la masse de la Terre) comprimée dans un volume équivalent à celui de notre planète, soit une densité de l'ordre d'une tonne par centimètre cube.

← Albert Einstein vers 1931, quelques années après avoir prononcé son célèbre « Dieu ne joue pas aux dés » (1927).

L'existence de tels objets laisse entrevoir la possibilité qu'il y ait dans l'univers des corps beaucoup plus denses et que les trous noirs ne soient pas qu'une expérience de pensée hypothétique. Une naine blanche reste néanmoins mille fois trop grosse et un milliard de fois trop peu dense comparée à un trou noir.

LA RÉVOLUTION THÉORIQUE : LA RELATIVITÉ GÉNÉRALE D'EINSTEIN

En 1905, Albert Einstein explique que la lumière est constituée de corpuscules individualisés, de masse nulle, qu'on appellera plus tard les photons. Dix ans plus tard, le même Einstein établit les lois de la relativité générale qui bouleversent notre compréhension de la gravitation. Dès lors, tous les outils conceptuels et mathématiques nécessaires à une approche rigoureuse de la question des trous noirs sont disponibles. Du moins sur le papier, car ni Einstein, qui conçoit la théorie, ni Arthur Eddington, qui en apporte la première confirmation observationnelle, ne croit en l'existence de tels objets. Comme les deux chercheurs les plus susceptibles d'œuvrer activement à la résolution de ce problème s'en désintéressent, il se passe une vingtaine d'années avant que les trous noirs ne commencent à être réellement pris au sérieux.

À vrai dire, Einstein trouve ses équations si compliquées qu'il ne pense pas qu'on puisse leur trouver de solutions exactes. Ce qui l'intéresse avant tout est de savoir comment sa théorie va affecter les mouvements dans le système solaire. Pour cela, les calculs qu'il réalise au départ ne sont que des approximations successives. Toutefois, un physicien raisonne différemment : l'Allemand Karl Schwarzschild, qui se demande notamment à quoi peut ressembler le champ de gravitation d'un objet sphérique dans cette théorie. Pour des objets suffisamment gros, il retrouve des résultats similaires à ce qu'aurait donné l'approche plus classique de Newton. Cependant, dès que l'objet devient très compact, des phénomènes étranges se produisent à son voisinage. Schwarzschild ne comprend pas la signification de ces résultats et il n'a malheureusement pas le temps de le découvrir : il meurt trois mois plus tard d'une maladie incurable contractée sur le front russe de la Première Guerre mondiale.

Il faut attendre 1939 pour que le physicien américain Robert Oppenheimer propose une interprétation de ces équations permettant de sortir de l'impasse. Pour une masse donnée, c'est seulement en dessous d'une certaine taille qu'un objet est un trou noir. Mais que se passe-t-il

au niveau de ce seuil ? Peut-on décrire la transition lorsqu'on traverse cette limite ? Oppenheimer suppose qu'un objet plus gros qu'un trou noir, par exemple une étoile, est maintenu en équilibre par l'opposition constante de la gravité – qui tend à le faire se contracter – et de sa pression interne – qui joue le rôle inverse. Il en tire un modèle assez basique dont il se sert pour étudier ce qu'il advient si on supprime d'un coup les forces de pression à l'intérieur de l'astre. Les calculs d'Oppenheimer illustrent les différences de comportement selon la position de l'observateur, phénomène courant en relativité générale. Pour un observateur extérieur, l'objet se contracte et se fige lorsqu'il atteint la taille du trou noir correspondant à sa masse. Mais pour un observateur situé à la surface de l'objet, celui-ci semble se contracter indéfiniment. De même que le temps ne s'écoule pas au même rythme à la surface de la Terre qu'en orbite à bord de la Station spatiale internationale – un tel écart reste faible mais mesurable –, la perception qu'on se fait d'un trou noir dépend donc de l'endroit où l'on se trouve. L'approche rigoureuse d'Oppenheimer balaie les craintes relatives à de possibles incohérences dans la théorie d'Einstein. Ses résultats montrent comment décrire précisément le moment où un astre se mue en trou noir. Lors de cette transition, l'objet devient un espace isolé du reste de l'univers, et un observateur à sa surface se retrouve dans l'impossibilité d'envoyer des signaux vers l'extérieur.

À la même époque, le physicien américain Hans Bethe explique que des réactions nucléaires sont à l'origine de la lumière émise par une étoile. Il détaille l'ensemble des mécanismes en jeu pendant la majeure partie de la vie d'une étoile – une période que les astrophysiciens appellent la « séquence principale ». Reste à savoir comment ces mécanismes évoluent au cours du temps, en fonction de l'âge de l'étoile ou de sa masse par exemple. Il faut encore une vingtaine d'années de recherche, au cours desquelles les scientifiques comprennent que, compte tenu de sa masse, le Soleil terminera

← Vue d'artiste de l'un des trous noirs supermassifs les plus primitifs (2010) : très lointain, il apparaît dans ses premiers instants de formation (son disque d'accrétion ne contient pas de poussières). Des trous noirs de 13 milliards d'années ont été détectés par le télescope *Spitzer*.

sa vie en naine blanche. Et qu'à l'inverse, une étoile beaucoup plus massive connaîtra, elle, une fin cataclysmique que l'on appelle une supernova : ses couches externes explosent, son cœur rétrécit jusqu'à atteindre des densités extrêmes et peut dans les cas les plus critiques former un trou noir.

Au début des années 1960, les scientifiques ont désormais une bonne compréhension de l'évolution stellaire. Et certains, comme Stephen Hawking ou Roger Penrose, commencent à s'intéresser à nouveau aux trous noirs puisqu'il existe désormais des processus pouvant expliquer leur formation. Conséquence secondaire de ce regain d'intérêt : un concept vieux de 170 ans trouve enfin son nom définitif.

LES OBSERVATIONS INDIRECTES

Un trou noir est, par définition, un objet petit et sombre. Dès lors, comment détecter un tel objet dans l'immensité de l'univers ? Peut-on imaginer passer de la théorie à des observations concrètes ? L'avènement de l'ère spatiale apporte un début de réponse, de manière indirecte et insoupçonnée.

Des fusées sont lancées, avec à leur bord des détecteurs – encore très rudimentaires – de rayons X. Le but est principalement d'étudier les phénomènes énergétiques se déroulant dans l'atmosphère terrestre, comme les orages par exemple. Très rapidement, les astrophysiciens se rendent compte que ces détecteurs captent aussi des rayons X provenant de sources cosmiques. L'univers est donc le siège de phénomènes énergétiques capables de produire ce type de rayonnement.

Au début des années 1970, une source particulièrement intéressante est découverte dans la constellation du Cygne. Son étude suggère

LA THÉORIE DE LA RELATIVITÉ

La théorie de la relativité est aujourd'hui indissociable du nom d'Albert Einstein, tant les apports de ce dernier ont été considérables pour la physique moderne. En fait, il faudrait plutôt parler *des* théories de la relativité puisqu'elles sont au nombre de deux. Si la mécanique classique traduit bien le mouvement des corps, elle se heurte à une incompatibilité majeure : le mouvement de la lumière décrit par les lois de l'électromagnétisme. La vitesse de la lumière est constante et indépendante de la vitesse de sa source : une chose impensable pour les lois de la mécanique. En 1905, la théorie de la relativité restreinte fournit une solution radicale à ce paradoxe : le temps et la durée d'un phénomène ne sont pas absolus mais dépendent de la trajectoire de l'observateur qui les mesure. Le temps et l'espace perdent leur signification propre mais deviennent tous deux des entités relatives. Désormais, il ne faut plus parler d'espace et de temps, mais d'espace-temps, comme une entité inséparable. En 1915, la théorie de la relativité générale applique les principes de la relativité restreinte à la gravité et aux mouvements des corps célestes. La gravitation n'y est plus décrite comme une force, mais comme la déformation de l'espace-temps au voisinage d'un corps massif. L'instantanéité de l'action étant jugée peu réaliste, la trajectoire d'un corps dans l'espace est simplement la conséquence de son déplacement dans un espace-temps tordu par la présence des masses dans son entourage.

UNE IDÉE, PLUSIEURS NOMS

En astronomie, il est fréquent de donner à un objet cosmique que l'on découvre un nom qui s'avère finalement peu approprié, car sa nature réelle n'est appréhendée que petit à petit. À l'inverse, pour un concept théorique sorti d'équations mathématiques, l'expression « trou noir » aurait probablement pu, en toute logique, s'imposer directement. Cela n'a pourtant pas été le cas, peut-être en raison du rejet de cette idée par Einstein et Eddington.
Il faut en effet attendre la seconde partie du XXe siècle pour voir apparaître l'expression « trou noir ». Jusque-là, les physiciens lui préfèrent des termes comme « astre occlus » ou « corps de Schwarzschild ».
C'est à John Wheeler, un des grands noms de la relativité générale, que la tradition attribue la popularisation du terme dès 1968. C'est un fait indéniable, mais qui en a la paternité ? Wheeler explique dans son autobiographie que, lors d'une conférence donnée en 1967, il emploie l'expression « objet totalement effondré gravitationnellement », tout en constatant qu'un nom plus court serait sûrement préférable. Quelqu'un dans l'auditoire aurait alors proposé : « Et pourquoi pas "trou noir" ? » (*black hole* en anglais). Wheeler n'étant pas parvenu à retrouver cet individu à la fin de son exposé, on ne sait donc finalement pas qui a réellement inventé le terme. L'histoire reste toutefois encore controversée, car certains éléments historiques suggèrent que le nom serait en fait apparu quelques années plus tôt au détour d'articles ou de conversations entre physiciens.

qu'une étoile orbite autour d'un objet très compact qui aspire peu à peu ses couches externes. Le gaz ainsi enlevé à l'étoile spirale lentement autour de cet astre et chauffe suffisamment pour émettre les rayons X observés. Reste à définir les caractéristiques de cet objet, baptisé Cygnus X-1 (pour « première source de rayons X dans la constellation du Cygne »). Deux possibilités : Cygnus X-1 est soit une étoile à neutrons, c'est-à-dire une boule de neutrons extrêmement dense, de l'ordre de 1 000 milliards de tonnes par litre, soit un trou noir. Dès 1971, et malgré les incertitudes de mesure, les chercheurs estiment que sa masse est probablement dix fois supérieure à celle du Soleil. Or, Oppenheimer a démontré en 1939 qu'une étoile à neutrons ne peut exister qu'en deçà de trois ou quatre fois la masse solaire. Même si les scientifiques restent encore très prudents et ne parlent dans un premier temps que de « candidat trou noir », certains sont alors convaincus que Cygnus X-1 ne peut être autre chose.

LES PREMIÈRES PREUVES DIRECTES

En 2016, la confirmation de la première détection d'ondes gravitationnelles émises par la collision de deux trous noirs, lève définitivement toute ambiguïté sur l'existence de ces objets. Si leur découverte est récente, le concept de ces ondes n'est pourtant pas nouveau : il a été énoncé par Einstein lui-même dès 1916.

Comme les masses déforment l'espace où elles se trouvent, leurs déplacements produisent des déformations qui varient en fonction du temps : celles-ci s'éloignent de la masse qui les a générées à la manière de vaguelettes à la surface de l'eau quand on y jette un caillou. Convaincu que ces ondes existent, Einstein réalise un certain nombre de calculs pour estimer leur intensité dans quelques exemples concrets : la Lune qui tourne autour de la Terre, la Terre qui tourne autour du Soleil… Problème : l'amplitude de ces ondes gravitationnelles est extrêmement faible, tout comme leur effet sur le mouvement des corps célestes. La séduisante perspective de vagues de l'espace-temps en reste donc au stade de remarquable idée théorique. Leur existence ne fait pas de doute mais elles sont indétectables... et donc sans intérêt.

La donne change dans les années 1960, quand les scientifiques découvrent que les étoiles vivent souvent en couple – on parle alors d'étoile binaire – et que les plus massives finissent en trou noir. Il devient donc envisageable qu'un couple de deux étoiles très massives puisse donner naissance à un couple de deux trous noirs. En tournant l'un autour de l'autre, ces deux objets génèrent des ondes gravitationnelles qui emportent au loin une partie de leur énergie. Or, plus ils perdent leur énergie, plus ils se rapprochent et plus l'émission d'ondes s'intensifie. Cette émission est d'autant plus intense que les deux astres sont proches. Sachant que la distance minimale entre deux objets est la somme de leurs rayons, dans le cas des trous noirs, qui sont les objets les plus compacts qui puissent exister pour une masse donnée, leur collision est l'événement cosmique qui produira les ondes gravitationnelles les plus puissantes.

Quelles seraient l'intensité d'un tel événement et la probabilité pour qu'il se produise suffisamment près de la Terre pour qu'on en détecte les ondes régulièrement ? Le résultat est malheureusement sans appel : la précision des interféromètres – les instruments permettant de détecter ces ondes – est, à l'époque, dix milliards de fois trop mauvaise pour capter quoi que ce soit... L'histoire aurait pu s'arrêter là sans l'acharnement des chercheurs et des ingénieurs, qui ne s'avouent pas vaincus. Après avoir identifié tout ce qui leur permettrait d'améliorer la précision de leurs interféromètres (voir « LIGO et Virgo » p. 75), ils concluent qu'il n'existe pas

↓ La galaxie Centaurus A (ici, détectée par le télescope *Hubble* en 2000), reconnaissable à sa forme voilée en raison d'une collision galactique récente, est la plus proche à abriter un trou noir particulièrement actif.

← Explosion révélée par l'observatoire aux rayons X *Chandra* (2003). Des lobes de gaz (boucles rouges) flanquent les deux côtés du trou noir Sagittarius A* en s'étendant sur des dizaines d'années-lumière, signe d'un sursaut d'activité du trou noir à une époque relativement récente.

d'impossibilité technologique évidente susceptible de les empêcher d'augmenter suffisamment la sensibilité de leurs instruments. À l'époque, cela reste de la prospective à long terme – trente ans, si ce n'est quarante. Ils parviennent tout de même à obtenir des fonds pour lancer leurs projets : LIGO (*Laser Interferometer Gravitational-Wave Observatory*) aux États-Unis, rejoint ensuite par Virgo en Europe, qui leur donnent raison en détectant, et ce à plusieurs reprises, des ondes gravitationnelles.

LA PREMIÈRE IMAGE D'UN TROU NOIR

Un autre type de confirmation directe de l'existence des trous noirs arrive en 2019. Le résultat est peut-être même encore plus émouvant pour quiconque s'intéressant à l'astrophysique. Pour la toute première fois, une expérience scientifique produit l'image d'un trou noir nommé M87* (au centre de la galaxie M87, voir photo p. 59).

Comment est-il possible de voir un objet qui n'émet aucune lumière ? En examinant sa silhouette sur un fond lumineux, comme une ombre chinoise. La matière qui gravite autour du trou noir émet une grande quantité de lumière dont la trajectoire est déformée par l'énorme champ de gravité. Elle dessine alors une forme très caractéristique (dont s'est inspiré le film *Interstellar*) qui permet d'imager l'astre invisible. Les trous noirs impliqués dans les collisions qui génèrent les ondes gravitationnelles sont toutefois trop petits pour qu'on puisse réaliser cela. Cependant, à la fin des années 1980, il devient évident qu'il existe d'autres types de trous noirs, beaucoup plus gros : les trous noirs supermassifs. La communauté scientifique se met alors à concevoir des projets de télescopes capables de les scruter. Or, le seul trou noir supermassif qu'on pense observable, Sagittarius A*, se trouve au centre de notre galaxie : l'opération revient à voir un pamplemousse posé à la surface de la Lune... de quoi laisser à l'époque une partie de la communauté scientifique dubitative quant à la faisabilité de l'expérience. Pourtant, tout comme ce qu'il s'est passé pour les ondes gravitationnelles, certains se sont convaincus que l'évolution technologique le permettrait tôt ou tard, même si cela devait prendre quelques dizaines d'années. Il en aura fallu finalement une trentaine seulement pour nous offrir la première image d'une idée désormais centenaire.

BILAN : BIENTÔT UNE IMAGE DE « NOTRE » TROU NOIR SUPERMASSIF, SAGITTARIUS A* ?

Le trou noir M87* est deux mille fois plus massif et deux mille fois plus éloigné que Sagittarius A*. Par conséquent, la perte de précision due à la distance est compensée par la taille monumentale de l'astre. De ce point de vue, il est à peu près aussi difficile d'obtenir une image de l'un comme de l'autre. Il existe toutefois une différence notable : plus le trou noir est gros, plus la matière autour de lui semble tourner à un rythme ralenti.

Autrement dit, pendant les quelques heures que dure une prise de vue de M87*, l'image paraît figée car la matière n'a pas le temps de se déplacer pendant un temps aussi court. Mais dans le cas de notre galaxie, l'image évolue tout au long de la prise de vue. La problématique n'est pas si différente qu'en photographie classique : plus on peut se permettre un temps de pose long, plus le cliché sera facile à réaliser.

L'image de Sagittarius A* constitue l'une des missions principales du réseau de télescopes terrestres *Event Horizon Telescope*, déjà à l'origine de l'image de M87*. Un nouveau défi pour les astrophysiciens, et une nouvelle limitation technologique qui, comme les précédentes, ne demande qu'à être surmontée dans les années à venir.

PLUSIEURS ORIGINES POSSIBLES

Les preuves accumulées ne laissent désormais plus de place au doute : les trous noirs existent bel et bien. Et ceux détectés par les instruments scientifiques peuvent *a priori* être rangés dans deux familles. En existe-t-il d'autres types ? Et au-delà de leur faculté à bloquer la lumière, ces astres sont-ils pour autant semblables ? Autant de questions qui amènent à s'interroger sur les propriétés intrinsèques de ces jouets théoriques devenus des évidences astrophysiques. Derrière la même appellation de « trou noir » se cache un véritable bestiaire d'objets cosmiques, de diverses taille et origine, dont les chercheurs n'ont fait qu'effleurer la surface.

→ On soupçonne que toutes les galaxies contiennent en leur centre un trou noir supermassif, comme ici la galaxie spirale M81, imagée par le télescope *Hubble* (2009). La résolution du télescope spatial est cependant des millions de fois trop grossière pour l'imager directement.

LE TROU NOIR STELLAIRE

Comme son nom l'indique, un trou noir stellaire est le résidu de l'évolution d'une étoile très massive. Toutes les étoiles se compriment en un astre relativement compact en fin de vie, mais pour celles dont la masse équivaut au moins à quinze fois celle du Soleil, le cœur se comprime tellement qu'il se transforme en trou noir.

Si une étoile est stable au cours de sa vie et ne s'effondre pas sous l'effet de son propre poids, c'est grâce aux réactions nucléaires qui se déroulent en son sein. Une étoile comme le Soleil brûle chaque seconde plusieurs milliards de tonnes d'hydrogène pour former de l'hélium. L'important dégagement de chaleur provoqué produit une force de pression qui vient contrebalancer la force de gravité. En fin de vie, faute de carburant nucléaire, ces réactions s'arrêtent. La gravité reprend ses droits et l'objet commence à se contracter.

Savoir quelle sera la forme finale de l'étoile et déterminer si celle-ci va se transformer en trou noir ou non est un problème complexe d'évolution stellaire. La formation des trous noirs stellaires est néanmoins aujourd'hui un mécanisme bien compris.

Au-delà de 8 masses solaires, une étoile connaît une fin de vie cataclysmique très forte : c'est le phénomène de supernova, qu'on assimile souvent à une simple explosion. En réalité, le mécanisme est plus subtil. Devenu trop instable pour résister à la forte gravité de l'étoile massive, le cœur s'effondre sur lui-même et implose en une fraction de seconde. L'onde de choc monumentale ainsi libérée souffle les couches externes de l'étoile n'ayant pas eu le temps de réagir. C'est cette dispersion de son enveloppe qui donne l'impression que l'étoile a effectivement explosé.

Si l'étoile n'est pas « trop » massive, l'implosion s'arrête avant le stade critique menant au trou noir et se stabilise pour former une étoile à neutrons. À partir de 15 masses solaires, la contraction est telle que le cœur, devenu extrêmement compact, se transforme en trou noir.

LE TROU NOIR SUPERMASSIF

Il s'agit d'une famille de trous noirs dont la masse est nettement supérieure à celle des trous noirs stellaires. Le plus gros trou noir stellaire connu fait 60 masses solaires, ce qui peut sembler énorme mais reste dans le même ordre de grandeur que les plus grosses étoiles. Les trous noirs supermassifs jouent dans une tout autre catégorie et atteignent sans problème des masses de l'ordre de plusieurs millions de fois la masse du Soleil.

Ces trous noirs supermassifs sont systématiquement localisés au centre des galaxies. Sans qu'on en connaisse précisément la raison, leur masse est toujours liée à celle de la partie centrale de la galaxie qui les héberge. M87* fait plusieurs milliards de masses solaires.

S'il est aujourd'hui établi que galaxie et trou noir supermassif évoluent en symbiose, on ne sait pas encore qui des deux arrive en premier, ni comment cette évolution se déroule exactement au cours du temps. Tout comme on ignore toujours à l'heure actuelle quel est l'événement déclencheur qui a donné naissance à un trou noir aussi massif.

Il est difficile de comprendre comment concentrer, pendant une durée probablement brève à l'échelle astronomique, suffisamment de matière dans un volume suffisamment petit pour former un trou noir supermassif. Le pire scénario pour les astrophysiciens serait finalement que ce mécanisme de formation inconnu se soit produit seulement dans les instants qui ont suivi le Big Bang et ne soit plus observable aujourd'hui.

LES QUASARS

Dans les années 1960, au moment où les astrophysiciens s'intéressent aux trous noirs stellaires dont l'existence devient de plus en plus incontestable, ils découvrent également des objets très brillants que l'on appelle des quasars. Le terme vient de l'expression *quasi-stellar*

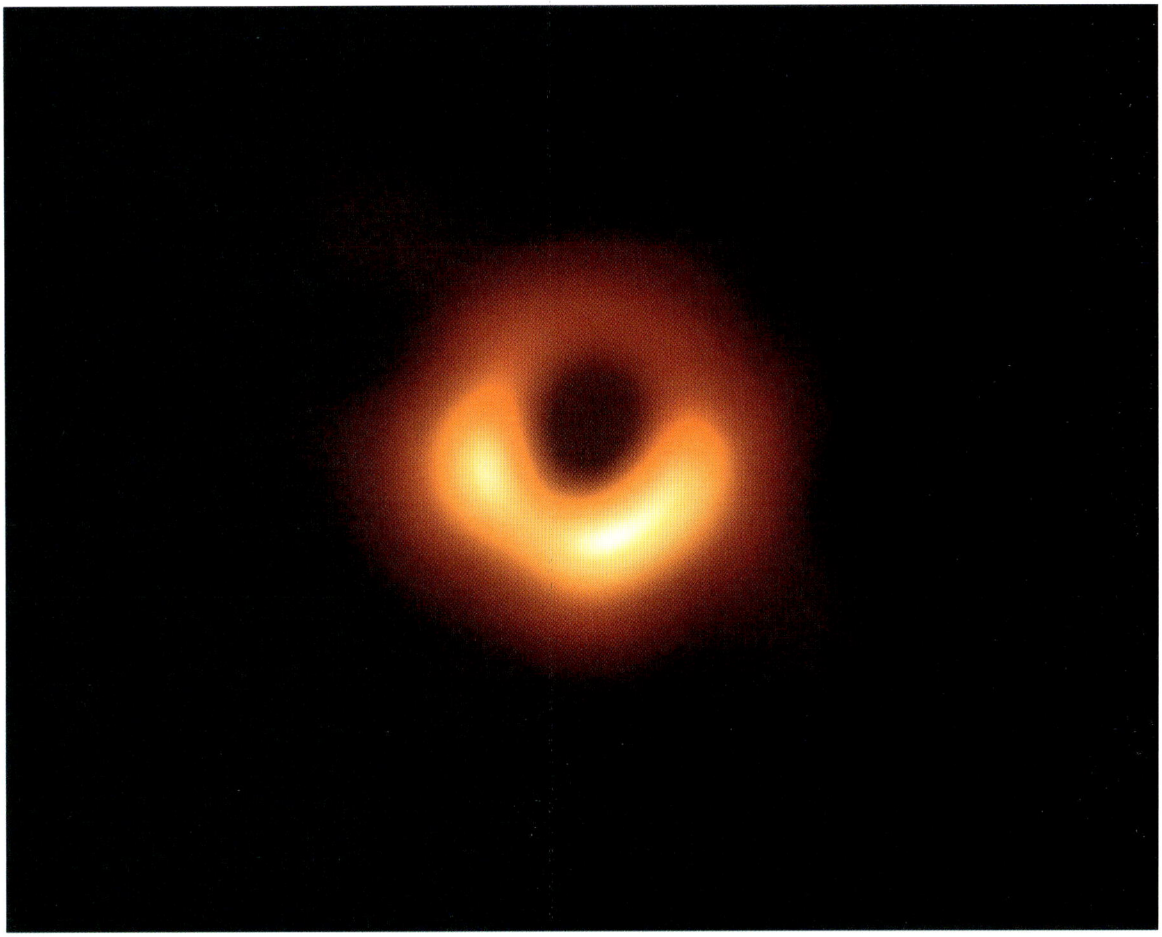

↑ L'un des plus gros trous noirs connus, M87*, avec son disque d'accrétion, vu par l'*Event Horizon Telescope* (2019).

object, c'est-à-dire un objet qui ressemble à une étoile car il nous apparaît ponctuel.

On identifie ainsi en 1963 un nouvel objet dans le cosmos : nom de code 3C 273. Celui-ci semble être une étoile banale au sein de la Voie lactée. En réalité, il s'agit d'un astre bien plus lointain, à 2 milliards d'années-lumière de nous – pour repère, notre galaxie fait « seulement » 100 000 années-lumière de diamètre. Pour qu'un objet aussi éloigné nous paraisse comparable en luminosité aux étoiles de notre galaxie, c'est qu'il doit être extrêmement brillant.

Quelle peut en être la taille ? Il est certain que 3C 273 n'est pas une galaxie car, à une telle distance, on aurait dû en toute logique visualiser sa structure. Par ailleurs, le fait que la luminosité de ces objets fluctue au bout de quelques jours, voire quelques semaines, signifie que 3C 273 doit être suffisamment petit pour que la lumière qu'il génère n'ait pas le temps de s'homogénéiser. Cela fait des quasars des objets dont la taille est à peine supérieure à celle de notre système solaire.

On découvre ainsi qu'il existe un processus cosmique qui produit énormément de lumière dans un volume compact. Une idée émerge peu à peu : il pourrait s'agir d'un trou noir géant qui engloutit d'importantes quantités de matière, et la lumière observée ne serait en quelque sorte que le « chant du cygne » de la matière aspirée. Un phénomène similaire à celui du trou noir de Cygnus X-1 par exemple, à la différence près qu'un quasar est près de 100 millions de fois plus massif.

LES TROUS NOIRS PRIMORDIAUX

Pour former un trou noir de quelques masses solaires, il faut atteindre des densités de l'ordre d'un milliard de tonnes concentrées dans un dé à coudre. Il n'existe *a priori* que deux moments où cela est possible. Tout d'abord, au cœur d'une étoile massive en fin de vie : c'est le trou noir stellaire décrit précédemment. Autre possibilité : lors du Big Bang, c'est-à-dire à la naissance de l'univers.

Dans ses premiers instants, notre univers a connu des densités extrêmement élevées. Toutefois, il ne suffit pas que la densité de matière soit très grande pour qu'un trou noir apparaisse, il faut aussi qu'elle ne soit pas répartie de façon homogène. Si, à cette époque, l'évolution de l'univers l'a amené à avoir une distribution de matière suffisamment inhomogène pour qu'une région de l'espace devienne beaucoup plus dense que la moyenne en raison de ces variations, il est possible que la matière présente à cet endroit s'effondre pour former un trou noir. Grâce à ce processus, des trous noirs – qualifiés de primordiaux en raison de leur époque d'apparition – auraient donc pu exister bien avant la formation des premières étoiles. Cette idée ne constitue toujours qu'une hypothèse, mais si leur existence est avérée, cela donnera sans aucun doute des informations importantes sur une époque très reculée de l'histoire de l'univers.

Car contrairement aux trous noirs stellaires qui ne peuvent pas faire moins de 3 masses stellaires, les trous noirs primordiaux peuvent être de toute taille et de toute masse – cela dépend essentiellement du moment où ils se sont formés. Bien que l'on sache en calculer la signature, c'est-à-dire leur influence sur leur environnement, aucun trou noir primordial n'a été observé pour l'instant. Cela ne veut pas dire qu'ils n'existent pas,

LA LIMITE DE CHANDRASEKHAR

La stabilité d'une étoile tient à un subtil équilibre entre la gravité engendrée par sa masse et la pression générée par les réactions thermonucléaires en son sein. À la fin de sa vie, quand les éléments chimiques responsables de ces réactions viennent à manquer, le cœur de l'étoile se contracte progressivement sous l'effet de la gravité. La limite de Chandrasekhar définit la masse maximale que ce cœur doit avoir afin de rester stable. Calculée en 1930 par le physicien indien Subrahmanyan Chandrasekhar, elle est estimée à 1,44 masse solaire. Au-delà, la pression du gaz interne ne parvient pas à lutter contre la force de gravitation. Le cœur de l'étoile s'effondre alors totalement pour laisser place à une étoile à neutrons, voire à un trou noir si la masse est suffisamment importante. Les étoiles les plus massives sont vouées à finir ainsi. Pour les étoiles plus légères, l'issue est en général moins catastrophique : elles perdent une partie de leur matière pour former une nébuleuse planétaire et leur cœur se transforme en un astre compact, appelé naine blanche, dont la masse reste en deçà de la limite de Chandrasekhar. C'est le destin qui attend notre Soleil d'ici 7 milliards d'années environ.

→ Cette image de Cassiopée A, vestige de supernova formée vers 1680, a été prise par la *NASA Nuclear Spectroscopic Telescope Array* (2013).

mais simplement qu'ils ne sont peut-être pas assez nombreux, trop petits ou trop isolés pour être détectés avec nos moyens actuels.

LES TROUS NOIRS INTERMÉDIAIRES

Quid de trous noirs dont la masse se situerait entre celle des trous noirs stellaires et celle des trous noirs supermassifs ? Puisqu'on détecte des trous noirs supermassifs dans les galaxies massives, il est tentant de prédire que plus une galaxie est petite, plus le trou noir qu'elle héberge l'est également. Peut-on réellement extrapoler jusqu'aux petites masses ? Rien aujourd'hui ne permet de l'affirmer.

Peut-être pourrait-on trouver au sein des amas globulaires, qui sont des sortes de boules d'étoiles satellites autour des galaxies, des trous noirs de quelques centaines ou quelques milliers de masses solaires… Peut-être que dans une galaxie de taille modeste comme celle du Triangle, dans le voisinage de la Voie lactée, se cache un trou noir de masse relativement modeste également… La difficulté est que plus ces objets sont petits, plus ils sont difficiles à détecter.

À l'heure actuelle, les scientifiques n'ont pas encore déterminé dans quelle mesure les galaxies de petite taille ont, elles aussi, un trou noir central, similaire à un trou noir supermassif mais de taille réduite (comme on ne connaît pas le mécanisme de formation des trous noirs supermassifs, on ne sait pas s'il est possible d'extrapoler à des galaxies de très faible masse). Et ils n'ont pas non plus trouvé de trou noir stellaire qui aurait pu grossir suffisamment pour atteindre plusieurs centaines de fois la masse du Soleil. Si aucun argument théorique n'interdit leur existence, ils échappent toujours à la détection et on ne sait pas où ils peuvent se situer.

↓ Vue d'artiste d'un trou noir supermassif au cœur d'une galaxie (2016).

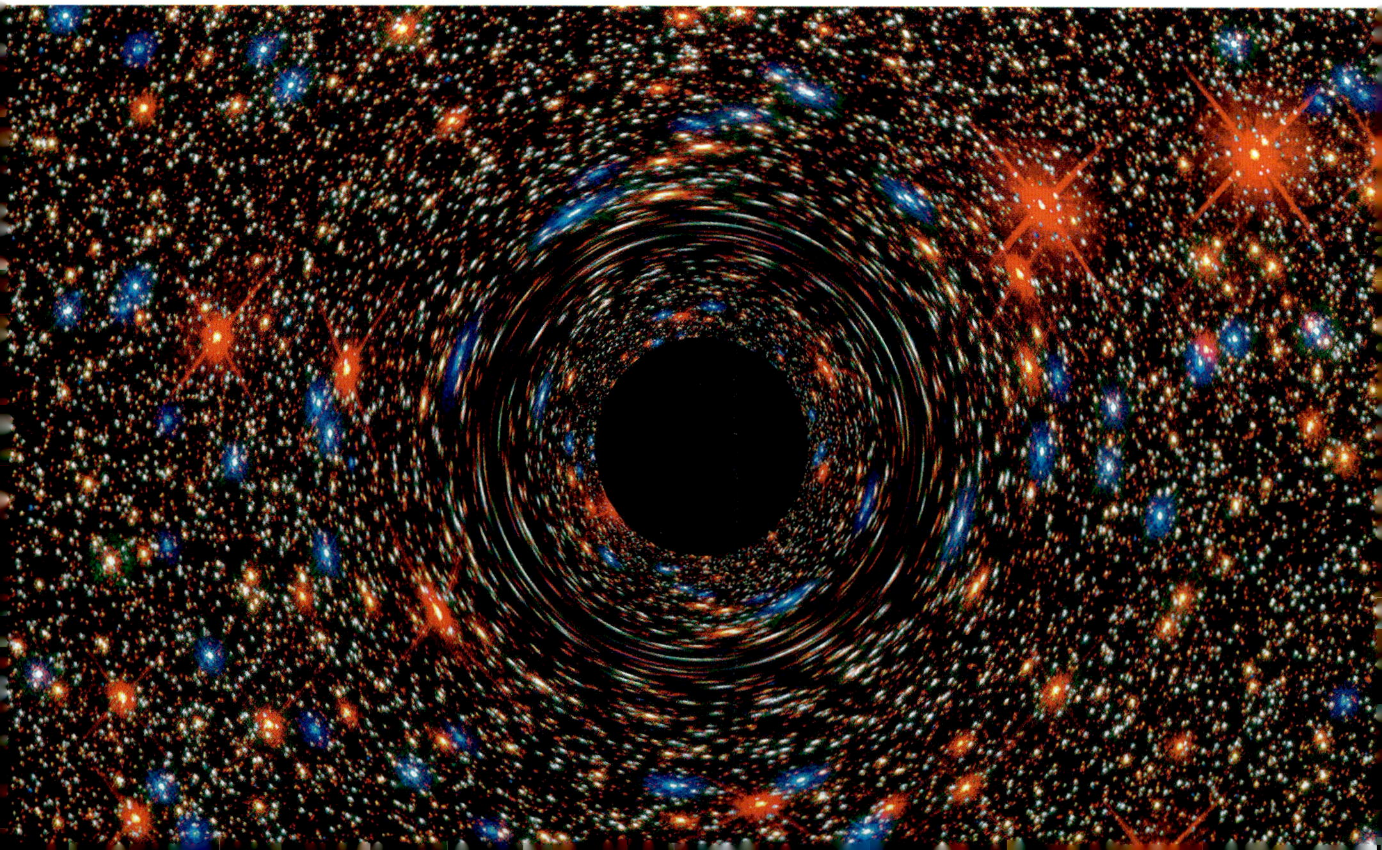

À L'INTÉRIEUR DU TROU NOIR

Un trou noir n'a pas de surface solide, il s'agit d'une région de l'espace dont rien ne peut s'échapper. Pénétrer à l'intérieur consiste en quelque sorte à franchir un point de non-retour. Tant que ce seuil, appelé « horizon des événements », n'est pas dépassé, il est encore possible d'espérer échapper à un trou noir. Cela représente la limite de ce qu'on peut voir et il est impossible pour deux personnes théoriques de communiquer si elles sont situées de part et d'autre de cet horizon.

Il est difficile de se représenter à quoi peut ressembler un trou noir. Comme nous l'avons dit, le seul moyen est de parvenir à découper sa silhouette sur le fond lumineux créé par la matière qu'il aspire. Cela en fait un objet assez paradoxal d'où aucune lumière ne s'échappe mais dont l'environnement peut être au contraire extrêmement lumineux tant il libère une grande quantité d'énergie en se faisant aspirer.

La relativité générale continue de décrire le comportement de la matière, même une fois que celle-ci a passé l'horizon des événements. Mais il y a un endroit où elle devient inopérante, un endroit que l'on appelle la singularité : le centre du trou noir, là où il s'est formé à l'origine.

Ce qu'il se passe à l'intérieur d'un trou noir est très différent de ce à quoi notre intuition du monde ordinaire nous a habitués. À l'extérieur, un objet est soit immobile par rapport au trou noir, soit en mouvement, et le cas échéant, il est possible de mesurer à quelle vitesse. En revanche, une fois franchi l'horizon, impossible de rester statique : tout objet est irrémédiablement attiré vers le centre du trou noir sans autre échappatoire possible, et ce quelle que soit la quantité d'énergie déployée. Autrement dit, rien ne reste très longtemps à l'intérieur d'un trou noir : tout objet qui passe l'horizon est inéluctablement précipité vers la singularité centrale.

Que se passe-t-il au centre ? Comme toute la matière avalée par le trou noir finit par s'y

SYNTHÈSE DES DIFFÉRENTS TROUS NOIRS

	ORIGINE	LOCALISATION	MASSE	OBSERVATION
STELLAIRE	**Effondrement d'une étoile massive**	**Emplacement de l'étoile**	**De 3 à quelques dizaines de masses solaires**	**Oui**
INTERMÉDIAIRE	**Inconnue**	**Amas globulaires Petites galaxies**	**Milliers de masses solaires**	**Débattue**
SUPERMASSIF	**Inconnue**	**Centre des galaxies**	**Millions, voire milliards de masses solaires**	**Oui**
PRIMORDIAL	**Big Bang**	**Inconnue**	**Variable**	**Non**

COMMENT REPRÉSENTER UN TROU NOIR ?

Les premières représentations de trous noirs sont réalisées par l'astrophysicien français Jean-Pierre Luminet à la fin des années 1970. Un trou noir n'émettant par définition aucune lumière, il s'agit plus précisément de représenter la forme du rayonnement lumineux émis par le disque d'accrétion, c'est-à-dire la matière qui, en gravitant autour d'un trou noir, s'échauffe énormément et devient alors très brillante. Comment déterminer la forme d'un tel halo lumineux ? Cela n'a rien d'évident et nécessite des calculs relativement complexes. Tels les anneaux de Saturne, la matière tourne autour d'un trou noir en formant un disque relativement plat. Si, quand on observe Saturne depuis la Terre, la partie des anneaux cachée derrière la planète géante est invisible, la situation est bien différente dans le cas d'un trou noir. En raison de la forte déformation de l'espace due à sa présence, la lumière émise par la matière située derrière le trou noir – qui, en temps normal, ne devrait pas nous parvenir – est déviée, contourne le trou noir et peut finalement arriver jusqu'à nous. De plus, l'image observée dépend de la position de l'observateur par rapport au trou noir. Ainsi, dans le film *Interstellar*, les astronautes s'approchent du trou noir Gargantua dans le plan du disque d'accrétion – comme si l'on regardait la Terre au niveau de l'équateur. Cela donne une forme symétrique au halo lumineux. En revanche, l'image de M87* correspond à une prise de vue par le dessus.

entasser tôt ou tard, on imagine intuitivement qu'il s'agit d'une zone où la densité devient infinie. La gravité y est si forte que toute matière ou toute information y est inexorablement engloutie. Toutefois, on l'a dit, c'est vraisemblablement une région que les équations de la relativité générale ne peuvent parfaitement décrire et où elles cessent d'être valides.

LA FIN D'UN TROU NOIR

Plus un trou noir avale de matière, plus il peut grossir. Rien n'assure pourtant qu'une fois formé, un trou noir va parvenir à rencontrer suffisamment de matière sur son chemin. Tous les trous noirs stellaires détectés en ondes gravitationnelles jusqu'à maintenant sont des trous noirs en couple autour d'une étoile qu'ils « vampirisent » en l'aspirant peu à peu.

Si une étoile massive, mais isolée, se transforme en trou noir, il y a des chances pour que celui-ci soit éternellement à la diète. Selon l'environnement où il se trouve, un trou noir peut voir sa masse augmenter de façon notable, comme il peut passer des milliards d'années sans rencontrer une quantité de matière suffisante à sa croissance. Cette situation crée un biais majeur dans l'étude des trous noirs puisque les plus faciles à détecter sont ceux qui absorbent de la matière. Dans notre galaxie, vieille de 10 milliards d'années, compte tenu de l'évolution des populations d'étoiles, il existe probablement des dizaines de millions de trous noirs formés. Or, les astrophysiciens n'en connaissent que quelques dizaines seulement. Il est donc très vraisemblable que la grande majorité d'entre eux soient comme des étoiles en mouvement qui ne rencontrent rien et demeurent parfaitement indétectables. À quelle distance du Soleil se trouve le premier trou noir ?

Impossible de répondre à cette question avec certitude. Que deviennent ces trous noirs ? Si l'on s'en tient aux lois de la relativité générale, la masse d'un trou noir ne peut que rester constante ou grossir. Du moins, c'est ce qu'on

pensait jusqu'aux travaux de Stephen Hawking en 1974. Ce dernier décide de tenir compte des effets de la mécanique quantique, qui régissent le monde microscopique. Dans notre monde classique, si on assimile l'horizon d'un trou noir à une frontière physique, il est clair qu'un objet se situe soit à l'intérieur, soit à l'extérieur. Mais en mécanique quantique, la situation est moins tranchée. Ainsi, le vide n'est pas « réellement vide » mais il connaît des fluctuations liées à ce « flou quantique », sous la forme de créations spontanées de paires de particules, ou plus précisément de paires constituées d'une particule et d'une antiparticule – sa jumelle qui possède exactement les mêmes propriétés, à l'exception de sa charge électrique qui est opposée. Ces créations ne durent toutefois qu'un instant infime, car particule et antiparticule s'annihilent aussitôt nées. Stephen Hawking découvre pourtant que parfois, à proximité d'un trou noir, il est possible qu'une des deux particules émises traverse l'horizon et disparaisse dans la singularité. Du point de

↑ Vue d'artiste d'une éruption de rayons X dans un trou noir supermassif (2015), après l'enregistrement de *NuSTAR*, et *Swift*.

vue d'un observateur extérieur, tout se passe comme si le trou noir avait « émis » l'autre particule. Ce qu'on appelle depuis le « rayonnement de Hawking » est similaire au rayonnement thermique d'un corps qui perdrait de la chaleur en émettant une partie de son énergie. Or, en théorie de la relativité, énergie et masse sont équivalentes : un trou noir qui perd de l'énergie perd donc de la masse. Et s'il n'a pas de garde-manger à proximité, il doit finir par s'évaporer.

Au bout de combien de temps ? Stephen Hawking réalise le calcul pour un trou noir de masse stellaire et trouve un résultat de 10^{67} années. Ce phénomène d'évaporation, théorique mais établi de manière convaincante, ne semble présenter finalement que peu d'intérêt du point de vue astrophysique puisqu'il est considérablement plus grand que l'âge de l'univers (13,8 milliards d'années).

En pratique, les trous noirs stellaires et, à plus forte raison, les trous noirs supermassifs sont assimilables à des objets permanents et indestructibles. En revanche, il est possible que des trous noirs primordiaux puissent avoir une masse suffisamment faible pour avoir eu le temps de s'évaporer en une durée comparable à l'âge actuel de l'univers. Et cette évaporation finale devrait probablement être un phénomène relativement lumineux de telle sorte qu'on puisse espérer détecter l'évaporation d'un petit trou noir situé à une dizaine d'années-lumière du Soleil. Reste à prouver l'existence de ces micro-trous noirs.

L'évaporation est un mécanisme lent mais qui s'accélère. La luminosité du phénomène, liée à la perte d'énergie, devrait donc probablement augmenter au cours du temps avant de s'arrêter brutalement. Les modèles théoriques produisent une prévision relativement solide de ce qu'il serait possible d'observer mais ne disent rien sur la toute fin du trou noir. Disparaît-il totalement ou reste-t-il un résidu compact ? Impossible à dire actuellement, car les calculs de Stephen Hawking cessent de fonctionner quand la masse est petite, quand l'évaporation devient trop rapide.

Il est impossible d'extrapoler les prévisions jusqu'à la toute fin du processus. Il serait précieux pour les physiciens d'observer une évaporation réelle qui pourrait donner des informations sur la bonne manière de mélanger relativité générale et mécanique quantique au sein de ce mécanisme d'évaporation.

↑ Stephen Hawking (ici en 1979) découvre un phénomène d'évaporation des trous noirs, théorique, appelé le « rayonnement de Hawking ».

→ Vue d'artiste d'un trou noir supermassif soufflant des vents puissants vers l'extérieur (2015), d'après *NuSTAR* et *XMM-Newton*.

DES ZONES D'OMBRE À LEVER

Les trous noirs soulèvent encore de nombreuses questions. Peut-on envisager d'envoyer une sonde pour explorer l'intérieur d'un trou noir ? Cela semblerait la solution la plus simple ; pourtant, deux difficultés importantes se posent. La première est qu'on ne sait pas à quelle distance se trouvent les trous noirs les plus proches. Actuellement, on n'en connaît pas à moins d'un millier d'années-lumière de la Terre. Autant dire que si l'on envoyait aujourd'hui une sonde capable d'aller ne serait-ce qu'à un centième de la vitesse de la lumière, il lui faudrait 100 000 ans pour les atteindre. La seconde difficulté est que les trous noirs connus sont des zones très intenses en rayonnements, notamment en rayons X. Par conséquent, n'importe quel objet envoyé un peu trop près finirait rapidement grillé. S'approcher d'un trou noir pour l'étudier semble donc assez inenvisageable en pratique, même à très long terme. Il est probablement préférable de tenter d'améliorer la qualité des prises de vue à grande distance plutôt que de chercher à s'en rapprocher. Et au-delà de ces problématiques expérimentales, les physiciens ne se privent pas d'utiliser leurs modèles théoriques pour imaginer quelles peuvent être les surprenantes propriétés de ces astres.

→ Image composite d'un jet relativiste du trou noir très actif de Centaurus A (2017), obtenue grâce à l'observatoire aux rayons X *Chandra* (montrés en bleu), de LABOC sur APEX (micro-ondes, en orange) et du WFI du *MGP/ESO* (étoiles et ligne de poussière).

LE PARADOXE DE L'INFORMATION

Un trou noir est un objet *a priori* sans mémoire, c'est-à-dire que former un trou noir stellaire avec des atomes de fer venant du cœur d'une étoile massive ou avec des atomes d'hydrogène en comprimant le milieu interstellaire donnera le même résultat. Il est en principe impossible de distinguer deux trous noirs de même masse selon leur âge ou la matière qui les a formés.

Il y a donc une incohérence flagrante entre la description du monde microscopique par les lois de la mécanique quantique et de la physique des particules, qui garantissent la conservation de certaines informations au cours du temps, et l'approche macroscopique de la relativité générale pour laquelle un trou noir efface la quasi-totalité de la connaissance de ce qui lui a donné naissance. Puisque le trou noir s'évapore, cette information devrait être peu à peu rendue au milieu extérieur.

Quelle est la cause de ce paradoxe ? La relativité générale a-t-elle tort de dire que l'information disparaît dans le trou noir ? La mécanique quantique a-t-elle raison de prétendre que cette quantité doit être toujours conservée ? À l'heure actuelle, on ne connaît pas la solution à ce problème. Et comme il est peu probable que l'on puisse étudier un trou noir en fin d'évaporation dans un futur proche, il est tout à fait possible que le débat scientifique sur cette question reste ouvert encore longtemps.

LES TROUS BLANCS

Si un trou noir est un objet qui engloutit toute la matière qui y tombe, peut-on imaginer l'objet inverse, c'est-à-dire un astre dans lequel il soit impossible de pénétrer et qui ne fasse qu'émettre de la matière ? Cet objet, qu'on appellerait un « trou blanc » par analogie, peut être décrit par les mêmes équations que celles d'un trou noir. À une condition tout de même : inverser la variable temps, c'est-à-dire, en quelque sorte, visionner le film à l'envers.

Plusieurs années après la publication de la théorie de la relativité générale, les physiciens pensaient que toute configuration gravitationnelle – toute forme d'espace décrite par une distribution de matière – était susceptible d'exister. Mais en 1949, le mathématicien Kurt Gödel trouva une solution aux équations d'Einstein qui décrivait un univers au fonctionnement surprenant, permettant notamment des voyages dans le temps. Les propriétés de l'univers de Gödel posaient tant de problèmes sur le plan de la physique qu'il fut assez rapidement considéré comme irréaliste. Cela a néanmoins conduit au constat que toute configuration gravitationnelle qui sort des équations n'a pas nécessairement de chances raisonnables d'exister réellement. Il devient donc indispensable de faire le tri dans les solutions possibles, ce qui peut s'avérer parfois complexe. Doit-on par exemple

↑ Vue d'artiste d'un pont de ver (ou pont d'Einstein-Rosen), raccourci hypothétique reliant deux points dans l'espace-temps.

systématiquement écarter une solution proposant des possibilités de voyage dans le temps ? Les physiciens théoriciens se sont repenchés sur la question depuis le début des années 1990 et l'affaire est encore loin d'être tranchée.

Les trous blancs font ainsi partie de ces objets exotiques qui peuvent sortir des équations d'Einstein. Peut-on pour autant envisager un processus qui mène à leur existence concrète ? Quand on regarde en détail les mécanismes astrophysiques qui doivent se dérouler pour donner naissance à un trou blanc, le scénario semble très difficile à écrire. Dans l'état actuel des connaissances scientifiques, en effet, la matière ne semble pas avoir les bonnes propriétés pour permettre à la Nature de fabriquer de tels objets. Si les trous blancs sont des objets qui aiguisent l'intérêt des amateurs de science-fiction, les scientifiques manquent encore de preuves concrètes de leur existence.

Pour les trous noirs, les arguments contre leur existence relevaient initialement plus de l'ordre de la posture philosophique et les oppositions reposaient principalement sur des préjugés sur ce qui doit exister ou non dans la nature. Dans le cas des trous blancs, la situation est différente. Il n'est plus question de dire que les trous blancs doivent ou ne doivent pas exister, le blocage est ici d'ordre physique : s'ils n'ont pas été créés en même temps que l'univers, il est difficile de savoir comment ces objets auraient pu se former par la suite.

Toutefois, le développement, ces dernières années, des théories d'unification de la relativité générale et de la mécanique quantique – étape indispensable pour décrire correctement ce type d'objets – ouvre de nouvelles perspectives sur la compréhension de ces phénomènes. Certains modèles étudient par exemple dans quelle mesure des effets quantiques pourraient transformer un trou noir en trou blanc.

Imaginés par le physicien soviétique Igor Novikov en 1964, les trous blancs semblent donc, pour le moment, encore condamnés à n'être qu'une construction du théoricien, sans intérêt immédiat pour l'astrophysicien. Mais cela est loin de les rendre superflus car, en permettant d'en tester certains effets, les trous blancs pourraient, si leur existence est avérée, devenir des instruments de validation de ces théories d'unification.

LES TROUS DE VER

Comme dit précédemment, un trou noir est un objet qui attire la matière jusqu'à la piéger à l'intérieur dès qu'elle passe l'horizon des événements. Imaginons néanmoins une situation où, à grande distance, on se retrouverait attiré par ce qui constitue le trou noir mais où, à petite distance, on en serait repoussé. Dans ce contexte particulier, on pourrait entrer dans cet objet avant de s'en retrouver expulsé. À l'origine, une telle configuration physique portait le nom de « pont d'Einstein-Rosen », en référence à ses inventeurs, Albert Einstein et Nathan Rosen. Aujourd'hui, on emploie plutôt le terme de « trou de ver » (*wormhole* en anglais) pour décrire cet objet qui possède une entrée et une sortie, ce qui en fait en quelque sorte un tunnel de l'espace.

Pour cela, il faut concevoir qu'il existe, outre la masse qui attire la matière, un phénomène répulsif à l'intérieur. Quel pourrait être ce phénomène ? Une masse négative pourrait, par opposition à une masse classique, exercer une gravité négative et donc repousser la matière plutôt que de l'attirer. Problème : aucune masse négative n'a jamais été observée et la physique des particules laisse peu d'espoir qu'il puisse en exister. Deuxième hypothèse, peut-être un peu moins extravagante mais tout de même très compliquée à mettre en œuvre : l'existence d'un objet avec une pression négative.

Malgré son caractère hypothétique, on peut décrire théoriquement, et de façon précise, un trou de ver. Toutefois, pour permettre à ce type d'objet d'exister, et ce pendant une durée suffisamment longue, la matière doit posséder certaines propriétés qui ne correspondent pas à ce que l'on connaît de la matière ordinaire. Tant que cette question ne sera pas résolue, et malgré le rêve qu'il suscite auprès de tout lecteur de science-fiction désireux de voyager rapidement sur des distances intersidérales, le trou de ver demeure un objet improbable du point de vue astrophysique. Si *Interstellar* s'est abondamment inspiré des modélisations scientifiques, le trou de ver qu'il met en scène dans le voisinage de Jupiter reste peut-être, de l'aveu même du physicien Kip Thorne, grand connaisseur de ces questions et consultant scientifique sur le film, la chose la plus improbable du scénario.

Comment pourrait-on s'y prendre si l'on souhaitait malgré tout fabriquer un trou de ver ? L'idée serait de créer l'entrée et la sortie collées l'une à l'autre puis de parvenir à les séparer de la distance voulue. Certains travaux théoriques montrent qu'à des échelles très microscopiques – bien plus petites que celles en jeu aujourd'hui dans le cadre de la physique des particules –, de tels ponts d'Einstein-Rosen peuvent se former et se désintégrer sur-le-champ. Il faudrait donc pouvoir éloigner rapidement l'entrée et la sortie afin d'éviter toute disparition rapide du trou de ver, puis les faire grossir en les alimentant en matière. Probablement plus facile à dire qu'à faire…

L'ÉCOULEMENT DU TEMPS DANS LE TROU NOIR

Les théories de la relativité d'Einstein ont sonné le glas de la conception d'un temps absolu et indépendant de l'observateur. Ainsi, plus on se trouve près d'une concentration de masse, plus le temps s'écoule lentement. De manière étonnante, le temps est plus lent pour une horloge au sol que pour celle qui se trouve en haut d'une montagne ou à bord d'un satellite, même si la différence est infime. Plus l'objet massif est compact, plus ces effets sont importants. Et les trous noirs ne dérogent pas à la règle. Si un observateur situé à bonne distance regardait un objet tomber dans un trou noir, en réalité il ne le verrait jamais pénétrer l'horizon. Au contraire, il aurait l'impression d'une chute de plus en plus lente jusqu'à ce que l'objet s'immobilise au bord de l'horizon. Pourtant, du point de vue de l'objet, le temps continuerait de s'écouler normalement et il traverserait l'horizon sans s'en rendre compte.

Qu'en est-il à l'intérieur du trou noir ? Quand bien même les équations de la relativité générale permettent de décrire notre évolution une fois l'horizon traversé, le résultat est si éloigné de notre intuition qu'il devient difficile de décrire ce que serait alors notre perception du monde. À l'intérieur d'un trou noir, nos repères spatiaux-temporels sont malmenés. Ce qu'on aurait tendance à décrire comme la distance qui nous sépare du centre est en réalité une mesure du temps qu'il nous reste à vivre avant de heurter la singularité. La notion de vitesse par rapport aux étoiles lointaines perd son sens à l'intérieur. On peut ainsi imaginer étudier un volume mille fois plus grand.

DES DÉTECTEURS D'ONDES GRAVITATIONNELLES DANS L'ESPACE

La détection de collisions de trous noirs requiert des instruments suffisamment sensibles pour que les ondes gravitationnelles arrivent avec une amplitude détectable malgré la distance à laquelle se produit l'événement. Contrairement aux télescopes qui captent le flux d'énergie d'un rayonnement lumineux, les détecteurs d'ondes gravitationnelles comme LIGO ou Virgo (voir p. 75) mesurent la variation de distance entre deux objets que provoque le passage de l'onde. Or, l'amplitude de cette onde décroît beaucoup moins fortement avec la distance que ne le fait la puissance d'une source lumineuse. Par conséquent, si on améliore d'un facteur 10 la sensibilité du détecteur, on peut détecter le même signal venant de dix fois plus loin, ce qui revient à dire qu'on peut étudier un volume mille fois plus grand. Une telle amélioration d'un facteur 10 en précision semble tout à fait envisageable, au moins pour les futures générations de détecteurs. On peut donc raisonnablement s'attendre à repérer, dans les cinquante ans à venir, une quantité de collisions beaucoup plus importante qu'aujourd'hui.

La conséquence directe est une meilleure connaissance des populations de trous noirs dans l'univers, voire la découverte d'objets ou de phénomènes non anticipés jusqu'à présent.

Une autre piste d'amélioration concerne l'emplacement de ces détecteurs. Aujourd'hui exclusivement terrestres, car plus simples et moins chers à déployer que des détecteurs dans l'espace, ils sont toutefois limités par le bruit sismique. Dans l'espace, cette limitation n'aura plus lieu d'être et on pourra donc sonder des fréquences d'ondes plus basses, émises par des trous noirs plus gros, ce qui ouvrira de nouvelles perspectives, notamment dans l'étude des trous noirs supermassifs. On sait que leur taille augmente en partie en fonction des collisions qui surviennent entre elles. Comme chaque galaxie possède un trou noir supermassif en son centre, la fusion de deux galaxies conduit à la fusion de deux trous

↓ Vue d'artiste du vaisseau spatial *LISA Pathfinder* ouvrant la voie à une mission de détection des ondes gravitationnelles (2015).

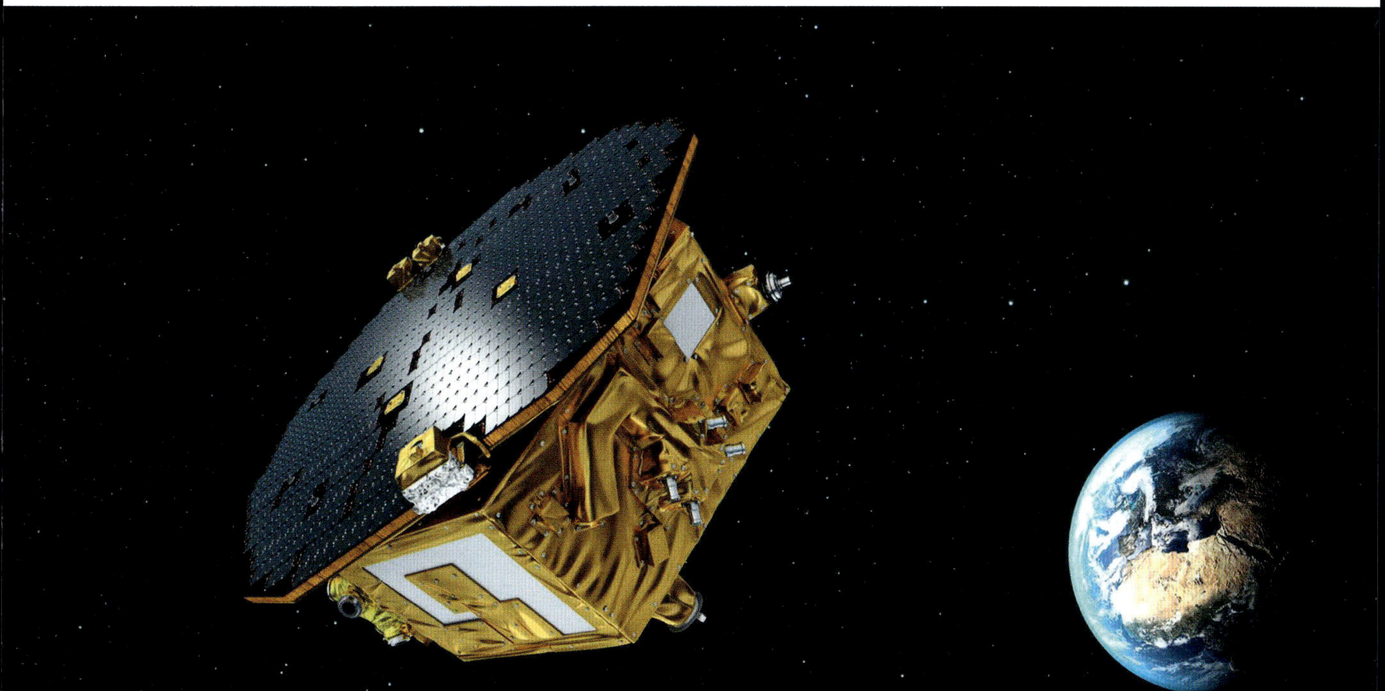

noirs. Un tel événement, invisible pour un instrument terrestre, ne le sera pas pour un détecteur spatial comme LISA (*Laser Interferometer Space Antenna*), prévu pour être opérationnel vers 2030-2040.

Par ailleurs, on s'est rendu compte que ces détecteurs spatiaux présentent d'autres avantages. Au moment de la collision entre deux trous noirs stellaires, ceux-ci tournent des centaines, voire des milliers de fois l'un autour de l'autre par seconde. Mais si l'on se place longtemps avant la collision, les trous noirs tournent beaucoup plus lentement et émettent des ondes de basse fréquence détectables par un instrument en orbite. On pourra donc observer ces trous noirs pendant des années grâce aux détecteurs en orbite, localiser leur direction à la perfection grâce à l'ensemble des données collectées et ainsi prédire l'instant de la collision. À moyen terme, cette complémentarité des deux types de détecteur, terrestre et spatial, ouvre donc des perspectives réalistes pour l'astrophysique des trous noirs dans les années à venir.

↑ Vue d'artiste d'un flux de lumière infrarouge émanant d'un trou noir dévorant une étoile (2016). D'après les observations de *WISE*.

L'AVENIR DE L'IMAGERIE

La précision de l'imagerie directe d'un trou noir est déterminée à la fois par la distance qui sépare les différents radiotélescopes utilisés pour l'imagerie et par la fréquence de la lumière observée. Actuellement, les radiotélescopes sont répartis sur toute la Terre et la fréquence exploitée est la plus haute qui ne soit pas perturbée par l'atmosphère. Par conséquent, l'amélioration de la netteté de l'image implique de quitter la Terre, dont la taille et l'atmosphère brident les performances.

Les scientifiques réfléchissent à la manière de déployer dans l'espace un réseau de radiotélescopes similaire à celui utilisé sur Terre. Les avantages sont multiples : pas de perturbations liées à l'atmosphère, des distances relatives suffisamment importantes entre les télescopes et plus facilement modulables suivant la trajectoire qu'on leur impose. Tout ceci devrait donner en principe une imagerie plus précise.

Le problème majeur reste toutefois le volume de données qu'il faudrait recueillir et transmettre au sol. Or, de la même façon que l'atmosphère brouille certaines fréquences d'observation, elle limite le débit maximal avec lequel un satellite peut nous transmettre ses informations. Pourrait-on envisager de traiter les données sur place, au niveau même du télescope ? Cela demanderait de gros moyens informatiques, difficilement conciliables aujourd'hui avec un équipement spatial.

Cette question du flux de données à transmettre sur Terre constitue d'ailleurs un problème pour de nombreuses missions spatiales. À titre de comparaison, la sonde *New Horizons*, partie étudier l'environnement de Pluton, a mis vingt mois à nous transmettre l'équivalent du contenu d'une clé USB... Autant il est facile d'obtenir des données dans l'espace, autant il est donc compliqué de les rapatrier sur Terre. Toutefois, le fait que beaucoup d'autres expériences scientifiques aient à résoudre ce problème donnera probablement lieu à l'émergence de solutions innovantes dans un futur proche. Il est donc tout à fait permis d'espérer qu'un tel projet d'imageurs spatiaux puisse voir le jour dans les cinquante prochaines années.

LIGO ET VIRGO,

CHASSEURS D'ONDES GRAVITATIONNELLES

Les ondes gravitationnelles déforment l'espace sur leur passage, en le contractant et en l'étirant successivement. Afin de les détecter, les astrophysiciens utilisent un dispositif appelé « interféromètre », qui éclate un faisceau lumineux en deux sous-faisceaux qu'on recombine après les avoir fait emprunter des trajets différents. Lorsque deux faisceaux lumineux se croisent, la recombinaison de la lumière dessine une figure caractéristique appelée « franges d'interférence », dont la forme dépend de la distance parcourue par chaque faisceau.
Les interféromètres LIGO et Virgo fonctionnent sur un principe identique : un même faisceau laser est divisé en deux parties qui s'engagent chacune dans des tubes sous vide de plusieurs kilomètres, placés à angle droit. Après s'être réfléchi au bout du tube, chaque faisceau laser revient sur ses pas. Les deux faisceaux se recombinent et les franges d'interférence sont enregistrées par un détecteur. Lorsqu'une onde gravitationnelle traverse le dispositif, elle modifie la longueur des tubes, ce qui modifie la position des franges d'interférence. L'analyse des perturbations observées fournit des informations sur les propriétés – amplitude et fréquence – de l'onde, et par conséquent sur les trous noirs qui l'ont générée.
LIGO et Virgo sont complémentaires, car ils ne détectent pas l'onde gravitationnelle au même moment selon la direction de son arrivée. Ainsi, en croisant les données des deux détecteurs, les scientifiques peuvent non seulement être certains de leur découverte mais aussi mieux localiser l'emplacement de la collision.

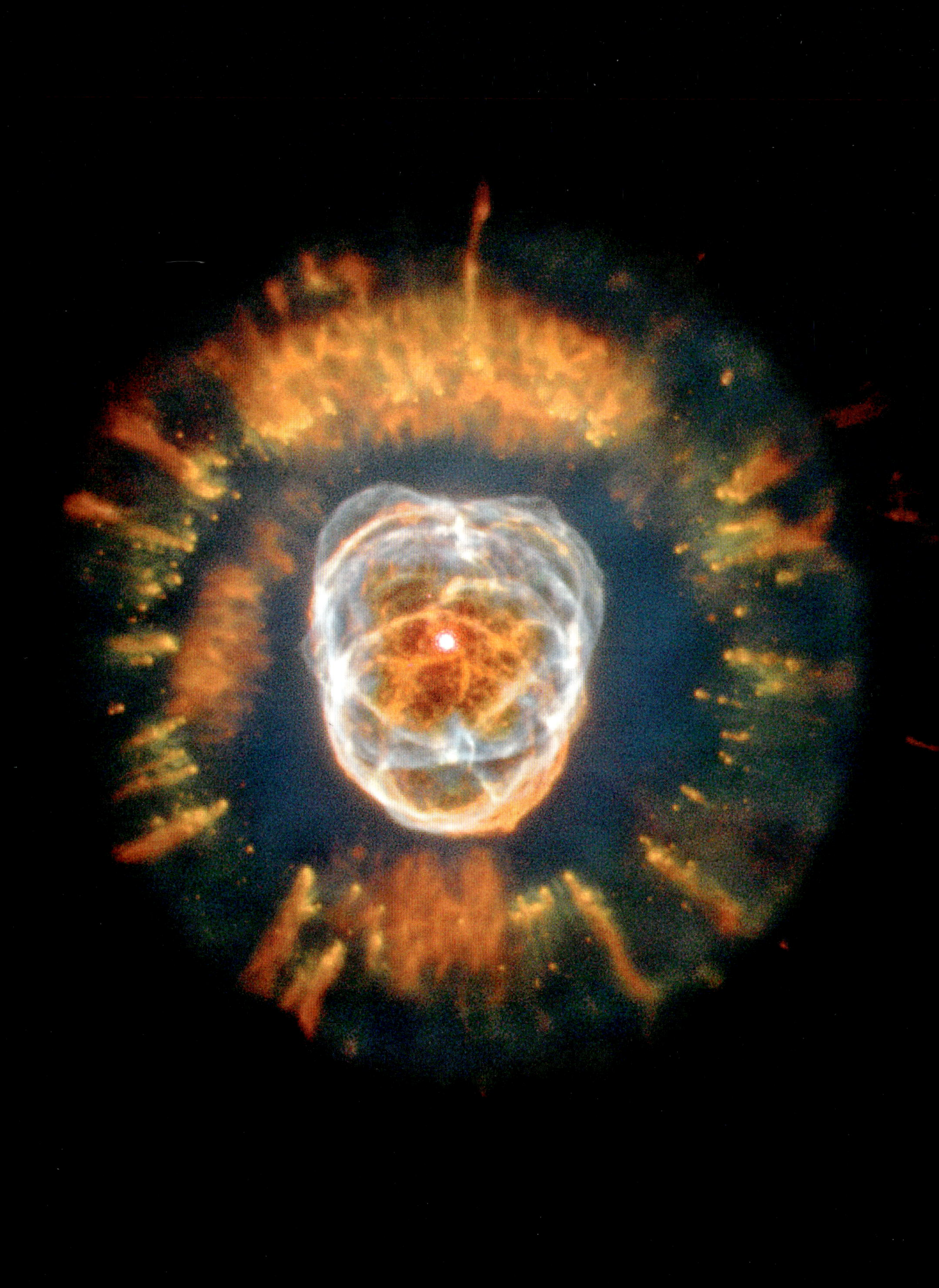

CHAPITRE 3

REMONTERONS-NOUS JUSQU'AU BIG BANG ?

AVEC
SANDRINE CODIS
Astrophysicienne à l'Institut d'astrophysique de Paris, spécialiste de la modélisation de l'univers à grande échelle

D'UN UNIVERS IMMUABLE À UN BIG BANG

Jusqu'au XXe siècle, la vision la plus courante consiste à imaginer un univers statique. Cette conception semble somme toute logique lorsqu'on lève les yeux au ciel : comparée à l'agitation de la vie sur Terre, l'immensité de la voûte céleste paraît immuable. Pour le grand public comme pour les scientifiques, l'univers se doit donc naturellement d'avoir toujours été et de toujours être le même.
Cependant, le propre de l'astrophysique, en tant que discipline scientifique, est précisément de confronter méthodiquement notre représentation de l'univers avec les observations que l'on en fait. Ce sont elles qui, peu à peu, sont venues remettre en question ce dogme d'un univers figé.

← La nébuleuse planétaire de l'Esquimau, découverte en 1787 par William Herschel. En 2000, le télescope *Hubble* a capturé les gaz incandescents, vestiges lumineux, de cet astre mourant.

→ La nébuleuse planétaire du Papillon, dernier souffle d'un système d'étoiles binaire. Vue par le télescope *Hubble* (1997).

RELATIVITÉ GÉNÉRALE ET UNIVERS EN EXPANSION

Le Russe Alexandre Friedmann est le premier à appliquer, dès 1922, les équations de la relativité générale à l'univers tout entier. En posant certaines hypothèses réalistes, seules deux solutions apparaissent : l'univers est soit en contraction, soit en expansion. Autrement dit, Friedmann démontre qu'un univers statique n'est pas, dans ce cadre, une solution acceptable. Devant cette contradiction flagrante, l'architecte de la relativité lui-même, Albert Einstein, ne pouvant se résoudre à renoncer à la conception dominante d'un univers immuable, prend le parti de modifier sa théorie en y introduisant un terme correctif appelé « constante cosmologique » (voir p. 108). Cette liberté autorisée par son formalisme mathématique lui permet de produire une solution acceptable de ses équations, à même de décrire un univers statique.

Au début du siècle, les idées scientifiques circulent moins facilement et moins rapidement qu'aujourd'hui. Pourtant, le chanoine et astronome belge Georges Lemaître, dont les recherches sont publiées dans des revues de langue française, retrouve en 1927, de manière indépendante, les mêmes résultats que Friedmann. Deux autres chercheurs apportent également une contribution notable : Howard Robertson et Arthur Walker. Ceux-ci développent la métrique d'espace-temps correspondante, c'est-à-dire l'approche mathématique permettant de calculer les distances. C'est en leur hommage que les modèles cosmologiques décrivant un univers en mouvement sont souvent appelés « modèles FLRW », pour Friedmann-Lemaître-Robertson-Walker.

Ces solutions, strictement théoriques, constituent alors des réponses purement mathématiques aux équations d'Einstein, que les observations viendront confirmer peu à peu, avec la découverte de la fuite des galaxies.

À l'époque, une des questions importantes que se posent les astronomes est de caractériser précisément un ensemble d'objets légèrement flous, regroupés sous la catégorie de « nébuleuses » – à ne pas confondre avec ce que nous désignons aujourd'hui sous ce terme, qui se réfère à des astres bien spécifiques. Ces objets se trouvent-ils ou non à l'intérieur de la Voie lactée ? La réponse est donnée en 1929 par Edwin Hubble, qui découvre qu'il s'agit d'objets extérieurs – en réalité, d'autres galaxies – qui s'éloignent de nous, et ce d'autant plus vite que leur distance est grande.

Pour cela, Hubble a réalisé l'analyse spectrale de chaque galaxie étudiée, c'est-à-dire la décomposition de la lumière émise par cette galaxie en différentes raies spectrales caractéristiques des éléments chimiques qui la composent. L'astronome constate alors que les spectres mesurés sont tous plus ou moins décalés vers

← En 1929, Edwin Hubble découvre que des objets (galaxies) s'éloignent de la Voie lactée d'autant plus vite qu'ils sont éloignés. Photo de 1937.

les plus grandes longueurs d'ondes. Ce phénomène, appelé « décalage vers le rouge » (ou *redshift* en anglais), traduit le mouvement de la source lumineuse par rapport à l'observateur, et en l'occurrence le fait que toutes les galaxies observées s'éloignent de nous. Le décalage est par ailleurs d'autant plus grand que celles-ci se situent loin de nous.

La loi de Hubble découle de ces observations : en décrivant la vitesse d'éloignement d'une galaxie en fonction de la distance, elle met en évidence pour la première fois l'expansion de l'univers. Un tel changement de paradigme est difficile à admettre à l'époque. Pourtant, si les mesures initiales ne sont réalisées que localement, avec des objets proches de la Terre, les observations postérieures ne feront que confirmer cette loi, avec toujours plus de précision et sur des échelles de distance toujours plus importantes. Cela illustre la manière dont sont produites les connaissances scientifiques : l'observation unique d'un phénomène ne suffit pas toujours à convaincre, mais l'accumulation d'un faisceau de preuves concordantes oblige tôt ou tard à se rendre à l'évidence et à accepter de changer de cadre théorique.

DÉCRIRE L'ORIGINE DE L'UNIVERS

Il faudra quelques années pour comprendre toutes les implications de cette découverte. Peu à peu émerge l'idée d'un univers né d'un état dense et chaud (qu'on appelle « singularité initiale », voir p. 86), immortalisé par l'expression « Big Bang ».

À l'origine pourtant, ce terme est plutôt péjoratif, voire ironique. Lorsque le physicien Fred Hoyle, farouche partisan de la théorie de l'état stationnaire de l'univers, l'emploie sur la BBC dans les années 1950, c'est clairement pour moquer les défenseurs de ce modèle. L'expression a néanmoins fini par s'imposer dans l'imaginaire collectif en perdant toute nuance négative.

Si l'univers est en expansion aujourd'hui, c'est donc qu'il occupait un volume de plus en plus

LE DÉCALAGE VERS LE ROUGE

Chaque atome possède une signature lumineuse spécifique : les raies spectrales. Ainsi, un atome d'oxygène absorbera et émettra un ensemble de longueurs d'onde déterminé, qui sera différent de celui d'un atome de carbone ou d'hydrogène par exemple. Ces raies spectrales ont été étudiées et sont bien cataloguées. Si une source lumineuse s'éloigne de nous en raison de l'expansion de l'univers, les raies spectrales observées ne seront pas exactement les mêmes qu'en laboratoire. Elles seront décalées vers les longueurs d'onde plus grandes, d'où le nom de « décalage vers le rouge » qui correspond aux plus grandes longueurs d'onde visibles. Plus la vitesse d'éloignement est importante, plus le décalage vers le rouge sera marqué. La loi de Hubble-Lemaître traduit le fait que les galaxies s'éloignent les unes des autres d'autant plus vite qu'elles sont éloignées. Le décalage vers le rouge est donc également une indication de la distance à laquelle ces galaxies se trouvent de la Voie lactée : plus le décalage est élevé, plus la galaxie étudiée est éloignée, non seulement dans l'espace mais aussi dans le temps, puisque la lumière aura mis beaucoup plus d'années à parvenir jusqu'à nous.

← Vue d'artiste de *Planck* (2010). Le satellite cartographie les infimes variations de température du CMB, pour montrer l'univers 380 000 ans après le Big Bang.

petit au fur et à mesure qu'on remonte dans le temps, jusqu'à arriver à des températures telles qu'il ne peut exister qu'une soupe d'éléments primordiaux. Pour cette raison, le Big Bang se voit parfois accoler le qualificatif de « chaud ».

Parmi les étapes importantes ayant contribué à asseoir la théorie du Big Bang, on compte l'observation en 1965 du rayonnement électromagnétique fossile de l'univers – ou fond diffus cosmologique –, souvent désigné par l'acronyme CMB pour *Cosmic Microwave Background*. Lorsque l'univers est très jeune, et donc très chaud et très dense, les particules de lumière que sont les photons ne peuvent pas se déplacer librement : dès qu'un photon parcourt une petite distance, il tombe inlassablement sur une autre particule qui l'absorbe. Par conséquent, la lumière ne parvient pas à sortir de ce milieu, et l'univers est opaque. Mais à force de s'étendre, il se refroidit suffisamment pour permettre aux photons de se propager dans l'univers tout entier.

Or, une partie des photons émis peu de temps après le Big Bang – les premiers à avoir pu voyager dans tout l'univers – continue de nous parvenir encore aujourd'hui. En les captant et en déterminant la température de leur rayonnement, les astronomes dessinent la carte du CMB. Doté d'une température moyenne relativement faible, de l'ordre de 3 kelvins (- 270 °C), le CMB est donc un phénomène très peu énergétique, dans lequel nous baignons en permanence. Le CMB constitue ainsi la première « preuve observationnelle indirecte » de la théorie du Big Bang : les cosmologues ont pris le premier cliché de l'univers âgé de 380 000 ans (notre limite observable) qui confirme son évolution thermique. Par ailleurs, grâce aux expériences récentes comme le satellite *Planck* de l'Agence spatiale européenne, la communauté scientifique dispose de cartes très précises de ce fond.

LA THÉORIE INFLATIONNISTE

La théorie de l'inflation cosmique constitue une pierre angulaire de ce qui est appelé aujourd'hui le « modèle concordant » de la cosmologie, c'est-à-dire le modèle qui explique le mieux possible les propriétés de l'univers telles qu'on les connaît. Rembobiner le film doit normalement donner des informations sur les origines de l'univers et son évolution. Mais plus on remonte dans le passé, plus des questions difficiles se posent. Il existe notamment un certain nombre de problèmes à première vue insolubles dans ce cadre, sauf à postuler l'existence d'une phase d'expansion extrêmement rapide.

Si l'expansion de l'univers s'était faite à taux constant, il devrait exister des régions du ciel, suffisamment éloignées les unes des autres, qui soient causalement déconnectées. Cela signifie que la distance entre elles est si grande qu'elles ne peuvent pas avoir échangé de l'information ni communiqué, si bien qu'un événement qui s'est produit dans une région ne peut avoir d'influence sur l'autre. En outre, si deux régions sont causalement déconnectées, elles n'ont *a priori* aucune chance de posséder les mêmes propriétés physiques. Or, en observant le fond diffus cosmologique, les physiciens ont constaté que l'univers possède les mêmes propriétés dans toutes les directions du ciel. Cette découverte pose un problème dans le cadre d'un modèle cosmologique sans phase d'inflation car, pour qu'un tel phénomène se produise, il faut nécessairement postuler l'existence d'un processus physique qui fasse que les régions aient pris connaissance l'une de l'autre dans le passé.

On postule donc une phase d'inflation initiale lorsque l'univers était encore peu étendu. En faisant ainsi gagner à l'univers un volume considérable en un temps extrêmement faible, deux zones aujourd'hui déconnectées ont tout de même pu être suffisamment proches à une époque pour échanger de l'information.

LE SCÉNARIO DU BIG BANG

Le modèle du Big Bang est constitué de plusieurs ères temporelles qui ont progressivement façonné la structure de l'espace-temps et la matière qui l'occupe, partant de particules élémentaires pour aboutir aux étoiles et aux galaxies que l'on connaît. Au croisement de l'infiniment grand et de l'infiniment petit, le modèle du Big Bang confronte les deux révolutions majeures de la physique moderne que sont la relativité générale et la mécanique quantique afin de raconter une histoire de 13,8 milliards d'années.

→ Chaudron bouillonnant, NGC 2467 est une région de formation d'étoiles à environ 13 000 années-lumière de la Terre. Données recueillies par le télescope spatial *Hubble* (entre 2004 et 2010).

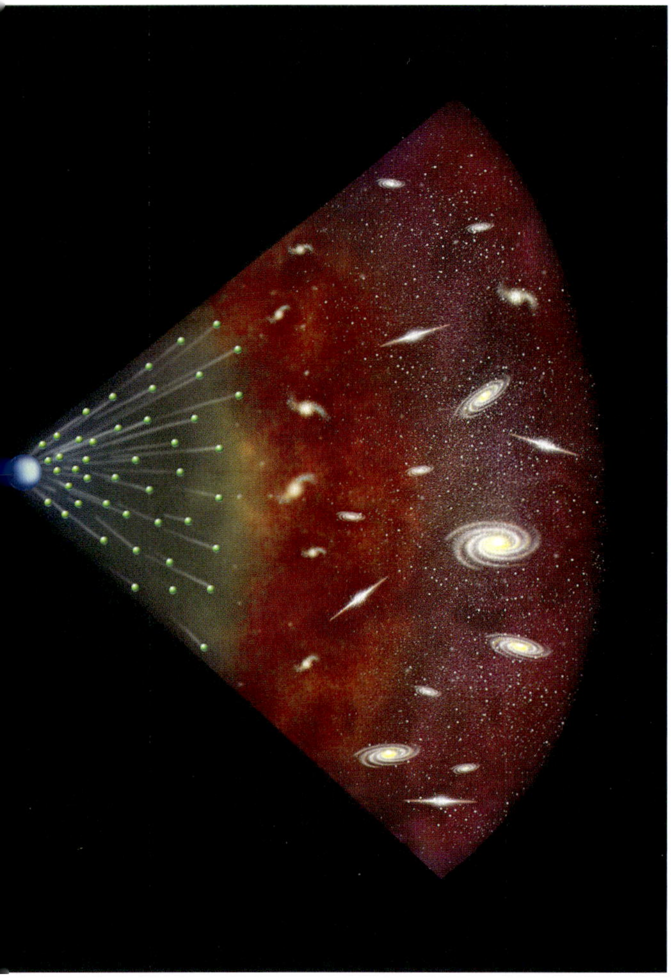

← Vue d'artiste (2005) de la théorie du Big Bang selon Georges Lemaître, soit l'hypothèse de l'atome primitif.

LA SINGULARITÉ INITIALE

En remontant dans le passé de cet univers en expansion, on trouve un univers de plus en plus dense et chaud. S'il se contracte ainsi au fur et à mesure que l'on remonte le temps, la logique veut qu'à un moment il se trouve tout entier contracté en un point.

Ce stade, désigné par l'expression de « singularité initiale », ne représente pas à proprement parler un instant zéro, comme une sorte de marqueur que l'on pourrait dessiner sur une frise chronologique ou tracer sur une flèche du temps. Il faut plutôt l'appréhender comme un événement où l'espace et le temps sont tous deux créés. Pour décrire de manière juste les tout premiers instants de l'histoire de l'univers, il faudrait disposer d'une théorie qui unifie ces deux piliers de la physique moderne, la relativité générale et la mécanique quantique. La présence de la singularité dans les modèles cosmologiques actuels doit donc davantage être comprise comme une extrapolation liée à l'incapacité d'appréhender les propriétés physiques de l'espace-temps à cette échelle, dite échelle de Planck (voir page ci-contre), plutôt que comme un phénomène avéré.

Par conséquent, il ne convient pas de penser le Big Bang comme un instant zéro qui aurait un « avant » où il n'y aurait rien et un « après » où il y aurait tout, mais il ne faut pas non plus l'assimiler à une énorme explosion, contrairement à ce que son nom laisse présager. Et encore moins envisager un point d'où tout serait parti, une sorte de centre d'où le cosmos aurait jailli. Il n'existe donc pas de direction privilégiée dans laquelle il suffirait de tourner les télescopes pour l'observer.

Si diverses tentatives théoriques tâchent aujourd'hui d'unifier la physique en dessous de cette échelle de Planck, il reste à savoir s'il est possible de réaliser des observations et des mesures permettant de tester ces hypothèses.

LA PÉRIODE DE L'INFLATION COSMIQUE

À ses débuts, l'univers est dominé par les effets quantiques. L'inflation qui va rapidement le faire devenir extrêmement grand a pour conséquence que les fluctuations quantiques, qui se produisent normalement à toute petite échelle, se retrouvent étirées sur des distances astronomiques. Cette période met toutefois en jeu des énergies encore mal comprises aujourd'hui. Les observations devront nécessairement progresser avant de parvenir à mieux appréhender ce moment clé de l'histoire de l'univers.

Les cosmologues ne savent notamment pas précisément quand – et par conséquent à quel niveau d'énergie – s'est déroulée l'inflation. Par ailleurs, sa durée et sa dynamique demeurent également inconnues. Et il en est de même pour expliquer pourquoi et comment elle s'arrête. En raison de la dilatation, la température de l'univers diminue au cours de ce processus. Les physiciens estiment qu'elle pourrait être passée de 10^{32} à 10^{27} degrés. À la fin de l'inflation, estimée pour l'instant vers 10^{-32} seconde, l'univers est donc encore excessivement chaud.

LA DISPARITION DE L'ANTIMATIÈRE

Au fur et à mesure que son énergie décroît, l'univers connaît différentes évolutions. Au départ, il s'apparente à une soupe primordiale bouillonnante constituée de particules élémentaires – au rang desquelles on trouve notamment les quarks et les électrons – et d'antimatière (voir p. 123). Ce terme d'antimatière regroupe l'ensemble des antiparticules, jumelles des particules de matière ordinaire dont elles possèdent les mêmes propriétés à l'exception de certaines, dont la valeur est inversée. C'est notamment le cas de la charge électrique. Ainsi, un proton, chargé positivement, possède un jumeau d'antimatière, l'antiproton, de charge négative. Lorsqu'une particule rencontre son antiparticule, elles s'annihilent mutuellement en lumière.

Les modèles cosmologiques prévoient que matière et antimatière ont été créées en proportions équivalentes au moment du Big Bang. Pourtant, l'univers tel qu'on le connaît aujourd'hui est dominé par la matière. Il est donc probable qu'il y ait eu, à l'origine, une légère différence d'abondance entre matière et antimatière, en faveur de la première. Une fois toute l'antimatière disparue par annihilation, il ne reste que le surplus initial de matière. Néanmoins, les processus à l'origine de ce déséquilibre demeurent inconnus à ce jour.

L'ÉCHELLE DE PLANCK

L'échelle de Planck décrit le moment où la relativité générale, en tant que théorie non quantique de la gravitation, cesse d'être valable car l'espace-temps est alors si petit qu'il n'est plus possible d'ignorer les effets de la mécanique quantique. Pour décrire cette échelle de grandeur, les scientifiques utilisent une quantité appelée « longueur de Planck », construite à partir des constantes caractéristiques de chaque théorie : la constante gravitationnelle G, la vitesse de la lumière dans le vide c et la constante de Planck *h* utilisée pour décrire la taille des quanta dans la mécanique quantique. La longueur de Planck vaut $1,6 \times 10^{-35}$ mètre, soit des dizaines de millions de milliards de milliards de fois moins que la taille d'un atome. À cette échelle de longueur sont associées une durée et une énergie : tout d'abord, le temps de Planck, qui vaut 5×10^{-44} seconde et définit l'âge de l'univers en dessous duquel les théories actuelles sont inopérantes ; enfin, l'énergie de Planck, dont la valeur est de 2 x 109 joules.

LA NUCLÉOSYNTHÈSE PRIMORDIALE

Au cours du premier milliardième de seconde de l'univers, la baryogénèse assemble les quarks (particules élémentaires qui sont les constituants primordiaux de la matière) en baryons, c'est-à-dire en constituants de la matière ordinaire que sont notamment les protons et les neutrons. Lorsque l'énergie de l'univers – et donc l'agitation thermique – a suffisamment baissé, ces baryons sont en mesure de se regrouper et ainsi de créer les noyaux des premiers éléments chimiques : hydrogène, hélium...

La nucléosynthèse primordiale recense l'ensemble des réactions de physique des particules qui traduisent le mécanisme de leur formation. C'est un des piliers du modèle cosmologique qui décrit très bien l'abondance de ces éléments chimiques dans l'univers, à l'exception du lithium. Pour ce dernier en effet, les calculs effectués à partir du modèle ne parviennent pas au même résultat que les mesures. Cette anomalie du lithium reste à ce jour l'un des principaux écueils du modèle standard de la cosmologie.

En revanche, les équations de la physique standard, pleinement valides à ces échelles d'énergie, permettent de calculer précisément à quel moment chaque élément va être créé. C'est ainsi que les physiciens ont déterminé que les processus de la nucléosynthèse primordiale s'arrêtent lorsque l'univers atteint l'âge de 3 minutes.

↓ Vue d'artiste (2002) de la formation des étoiles dans l'univers primordial, mettant fin à la période des âges sombres.

LE FOND DIFFUS COSMOLOGIQUE, LA PLUS VIEILLE IMAGE LUMINEUSE DE L'UNIVERS

À 3 minutes, l'univers est encore dans un état d'énergie très élevé qui empêche toute propagation libre des photons. Ceux-ci sont en permanence générés et réabsorbés par le plasma environnant. Et comme ce sont eux qui véhiculent la lumière, l'univers est alors encore totalement opaque puisqu'aucun rayonnement lumineux n'est en mesure de circuler. Il faut attendre qu'il soit âgé de 380 000 ans et suffisamment dilué et refroidi pour que les photons puissent enfin se propager librement : matière et rayonnement sont alors totalement découplés.

Durant cet intervalle de temps, l'énergie de l'univers continue de baisser, permettant à de nouveaux éléments d'être stables et de perdurer. Dès lors, les électrons peuvent durablement s'installer autour des noyaux de baryon pour former des atomes électriquement neutres et stables. C'est le phénomène de recombinaison – en réalité, il faudrait plutôt parler de combinaison puisque c'est finalement la première fois que des atomes complets arrivent à se former.

C'est à ce moment, soit 380 000 années après la singularité initiale, que l'univers devient enfin transparent et qu'est émis le fond diffus cosmologique (lorsque l'univers était contracté en un point), la plus vieille image lumineuse de l'univers qu'il soit possible de réaliser. En raison de son expansion, sa température va continuer de baisser, jusqu'à atteindre les 3 kelvins (voir p.83) observés à notre époque.

LES THÉORIES D'UNIFICATION

Au cours du xxe siècle, les physiciens théoriciens ont proposé plusieurs pistes pour unifier relativité générale et mécanique quantique. Ces théories sont également connues sous l'appellation de « gravitation quantique », voire de « théorie du tout », car leur ambition est de regrouper, au sein d'un même formalisme mathématique, l'ensemble des quatre forces fondamentales de la physique moderne (l'interaction faible, l'interaction forte, la force électromagnétique et la gravitation). Deux d'entre elles sont souvent mises en avant.
La théorie des cordes remet en cause un des postulats fondamentaux de la physique des particules, à savoir que la matière est constituée de particules ponctuelles (réduites à un point, sans extension spatiale), comme les quarks ou les électrons. Elle considère au contraire que les briques élémentaires de la matière sont formées de cordes microscopiques, dont la taille est de l'ordre de la longueur de Planck.
La manière dont ces cordes vibrent dans l'espace-temps retranscrit les propriétés (masse, charge électrique...) des différentes particules. Là où la théorie des cordes s'inspire du formalisme de la physique des particules, la gravitation quantique à boucles reprend l'idée promue par la relativité générale d'une description géométrique de l'espace-temps et tente de lui appliquer les principes de la mécanique quantique. L'espace n'est alors plus continu mais granulaire, et il existe une longueur minimale de l'ordre de la longueur de Planck.

L'EFFET DE LENTILLE GRAVITATIONNELLE

Selon les lois de la relativité générale, toute quantité de matière placée en un endroit déforme l'espace-temps autour d'elle. La lumière émise par une source située au-delà de cette distribution de masse n'est pas épargnée par la déformation engendrée : à son voisinage, les faisceaux lumineux sont courbés et focalisés à la manière de la lentille d'un microscope. Pour cette raison, le phénomène porte le nom de « lentille gravitationnelle ». La conséquence principale est que l'image de la source lumineuse nous apparaît alors modifiée. En raison du grand nombre d'objets massifs qu'il rencontre sur son parcours avant d'arriver jusqu'à la Terre, le rayonnement du fond diffus cosmologique est donc en partie altéré par ce phénomène et il faut en tenir compte pour reconstruire l'image initiale. D'une part, les points de la carte du CMB se trouvent légèrement déplacés par rapport à leur position d'origine, comme ce qu'il advient dans un mirage. D'autre part, une lentille gravitationnelle modifie une partie des propriétés du rayonnement lumineux utilisées pour estimer les paramètres de l'inflation cosmique. Il est par conséquent important pour les cosmologues de mieux connaître les structures massives dans l'univers afin d'évaluer l'amplitude de ces effets et de pouvoir les soustraire des mesures effectuées. C'est à ce prix qu'ils seront en mesure d'obtenir des informations plus fiables sur l'univers primordial.

LES ÂGES SOMBRES

Passé la libération des photons et l'émission de ce rayonnement fossile, l'univers entre dans la période des âges sombres. Le nom peut sembler paradoxal puisque la lumière n'est dorénavant plus contrainte, mais encore faut-il qu'il existe des sources lumineuses ! Or, dans ce jeune univers, aucune étoile, aucune galaxie n'est encore née – aucun « phare » qui puisse éclairer la nuit. Il faut attendre que la matière commence à se condenser gravitationnellement pour former les premières étoiles et que ces dernières s'allument pour que leur rayonnement puisse arracher des électrons aux atomes afin de réioniser le milieu interstellaire.

Il est difficile de dater précisément ce phénomène, car la physique de la réionisation est encore mal connue des scientifiques. Le fond diffus cosmologique donne certes une première estimation, mais celle-ci possède des barres d'erreur importantes. Mieux connaître ces âges sombres est l'un des objectifs de l'astrophysique dans les années à venir. Si les observations ont permis de détecter des étoiles avec un grand décalage vers le rouge, c'est-à-dire lointaines et donc âgées, les processus exacts qui sont à l'œuvre ne sont pas connus en détail.

En revanche, le mécanisme de formation stellaire est bien mieux maîtrisé. Dans ses grandes lignes, il est le même pour toutes les étoiles, même s'il existe des nuances selon leur masse. Sous l'effet de la gravité, une partie du nuage de gaz s'effondre progressivement jusqu'à déclencher des réactions thermonucléaires en son sein, qui garantiront la stabilité de l'étoile en s'opposant à la force de gravité générée par sa masse.

LES PREUVES OBSERVATIONNELLES

Le fond diffus cosmologique permet de comprendre l'univers quand celui-ci était tout jeune. Le satellite *Planck* l'a mesuré de façon optimale sur de très grandes échelles et il sera

↑ Arp 147, ensemble de deux galaxies en interaction gravitationnelle, observé grâce au télescope spatial *Hubble* (2008).

difficile de faire mieux. En revanche, diverses expériences se mettent en place pour améliorer les très petites échelles.

Le CMB présente néanmoins certaines anisotropies – des variations dépendant de la direction observée – sur de grandes échelles qui restent encore mal expliquées mais qui sont significatives. On a notamment détecté la présence de points froids (*cold spots* en anglais), que nombre d'hypothèses ont tenté de justifier. Des tests ont été réalisés pour s'assurer qu'il ne s'agissait pas d'un biais systématique lié à une défaillance de l'instrument de mesure, comme cela peut parfois se produire, d'autant que les mesures concernées sont très complexes. Mais on peut aussi supposer qu'il s'agit d'un phénomène qui a physiquement du sens et qui est porteur d'informations sur l'univers : celui-ci pourrait avoir une topologie – une forme – particulière, la matière noire pourrait disposer de propriétés spécifiques... Évidemment, rien n'empêche de penser que la physique de l'univers primordial ne soit pas exactement celle imaginée ou que la théorie de la relativité générale s'avère insuffisante pour décrire ces grandes échelles cosmologiques. Aucune des possibilités envisagées ne fait toutefois consensus au sein de la communauté scientifique.

Une autre propriété intéressante du fond diffus cosmologique est sa polarisation, qui décrit la manière dont oscille le champ électrique de l'onde électromagnétique et dont la mesure donne des informations sur les

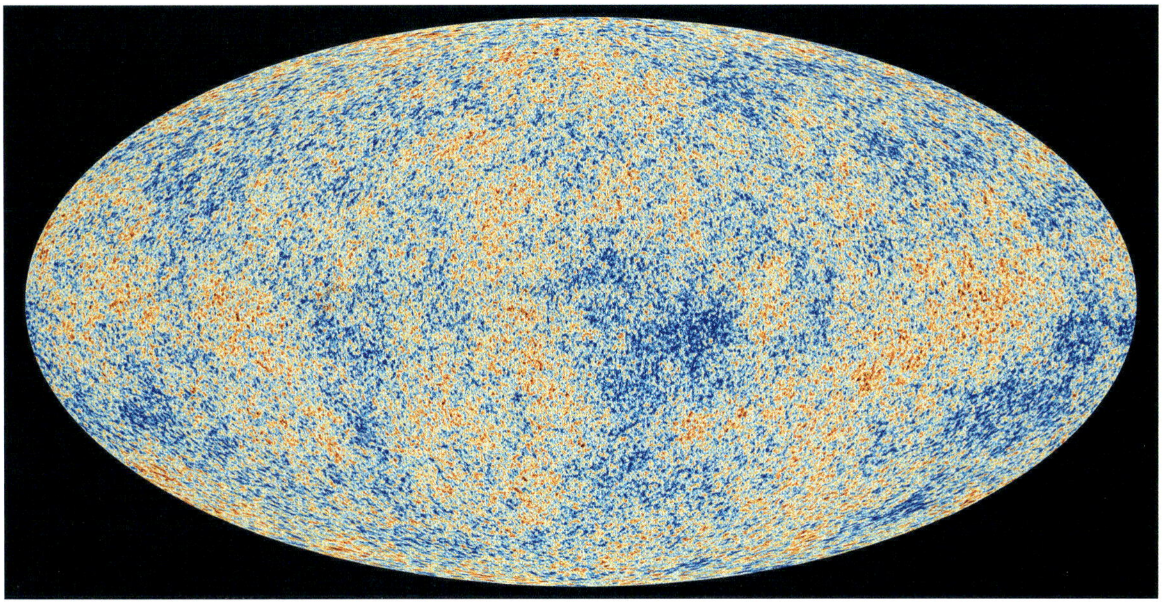

← Le télescope *Hubble* capte un feu d'artifice d'étoiles naissantes dans la galaxie NGC 4214, à 13 millions d'années-lumière de la Terre (2000).

↑ La mission Planck a détecté les plus anciennes lumières de l'univers, il y a 380 000 ans : le fond diffus cosmologique (2013).

phénomènes qui ont eu lieu durant l'univers primordial. Enfin, les cosmologues scrutent également les distorsions spectrales du CMB. Celui-ci possède *a priori* un rayonnement lumineux spécifique, appelé « rayonnement du corps noir ». Mais les observations laissent paraître des écarts à la courbe théorique, qui pourraient eux aussi constituer des reliquats de phénomènes qui se sont produits dans l'univers primordial.

Il existe également beaucoup d'observations issues des relevés de galaxies. En étudiant leur distribution autour de nous et les grandes structures de l'univers, ainsi qu'en mesurant leur forme, les astrophysiciens sont capables de poser des contraintes sur les modèles cosmologiques. Ce que les chercheurs souhaitent mesurer, c'est l'histoire de l'expansion de l'univers. Pour cela, ils s'intéressent aux « chandelles standard », c'est-à-dire des objets cosmiques bien compris du point de vue de la physique et dont on connaît le comportement au cours du temps, notamment leur luminosité. Les *supernovæ* en sont un exemple. Comme les physiciens connaissent leur magnitude absolue, c'est-à-dire la courbe de lumière émise intrinsèquement par l'astre, la mesure de la fraction de la luminosité qui arrive sur Terre donne leur distance et permet donc d'estimer le taux d'expansion de l'univers.

Les mesures faites avec le fond diffus cosmologique et les relevés de galaxies pointent un problème concernant la mesure de la constante de Hubble décrivant l'expansion de l'univers. Les fluctuations de densité de l'univers primordial ont donné naissance aux grandes structures actuelles (galaxies et amas galactiques) mais l'amplitude des fluctuations observées ne reflète pas totalement la répartition des structures cosmiques récentes, telles qu'observées grâce aux lentilles gravitationnelles. En dépit de ces quelques anomalies encore inexpliquées, force est de reconnaître que ce modèle fonctionne de manière remarquable tant il rend compte de la variété des observations, toutes très différentes et très précises.

QUEL AVENIR POUR L'UNIVERS ?

Les zones d'ombre du modèle du Big Bang demandent aux physiciens de redoubler d'efforts pour améliorer leurs instruments, parfaire leurs théories et rompre avec leurs certitudes. Le développement de nouveaux projets de recherche se fait donc tous azimuts, et toutes époques cosmiques confondues, tant les enjeux scientifiques sont encore colossaux. Que peut-on attendre dans le siècle à venir comme preuves observationnelles qui viendront confirmer ou réfuter le modèle standard de la cosmologie ?

→ La taille de la bulle de cette étoile en fuite (CW Leo) a permis aux astronomes d'estimer qu'elle a perdu son atmosphère pendant environ 70 000 ans. Image de *Galaxy Evolution Explorer* (2012).

LES ONDES GRAVITATIONNELLES PRIMORDIALES

Prédites par la relativité générale, les ondes gravitationnelles ne sont détectées expérimentalement que depuis quelques années et il s'agit seulement des ondes produites par la coalescence de trous noirs ou d'étoiles à neutrons. Pourtant, selon les cosmologues, si l'inflation cosmique s'est produite telle qu'ils l'imaginent, l'univers primordial pourrait lui aussi avoir généré des ondes de ce type. Et si elles ont effectivement existé, ces fluctuations d'espace-temps devraient avoir laissé une empreinte dans le fond diffus cosmologique. L'observation des propriétés du CMB devrait donc permettre de définir, en théorie, quelle était la proportion d'ondes gravitationnelles primordiales. Néanmoins, la quantité d'ondes générées dans les scénarios traditionnels d'inflation étant extrêmement faible, il sera très difficile d'observer ce fond diffus d'ondes gravitationnelles, même avec l'expérience LISA (voir p. 98) et la future génération d'instruments.

À l'inverse, si ces nouveaux appareils parviennent à détecter la présence d'un fond diffus d'ondes, ce sera nécessairement la marque d'un phénomène non anticipé jusque-là, par exemple un modèle d'inflation plus complexe que les modèles actuels, ou bien des transitions de phase, voire des cordes cosmiques (voir « Les théories d'unification » p. 89).

LES FUTURS TÉLESCOPES

La prochaine génération de télescopes optiques a pour ambition de prolonger l'étude de la distribution des galaxies dans l'univers. En mesurant très finement les grandes structures de l'univers, il sera possible d'en tirer des enseignements sur l'univers primordial et ses constituants.

La mission *Euclid* a notamment pour but d'établir la cartographie de ces grandes structures afin de tester de nombreux éléments du modèle standard de la cosmologie : la théorie de la gravitation, l'énergie sombre, la matière noire ou encore la masse des neutrinos (voir p. 118) – lesquels, si l'on se réfère au modèle standard de la physique des particules, ne devraient pas en posséder ! Certaines expériences ont néanmoins montré que ces particules, rangées en trois familles, peuvent « osciller », c'est-à-dire que le neutrino d'une famille peut se transformer en neutrino d'une autre famille. Or, ce phénomène n'est possible qu'à une condition : que le neutrino ait une masse.

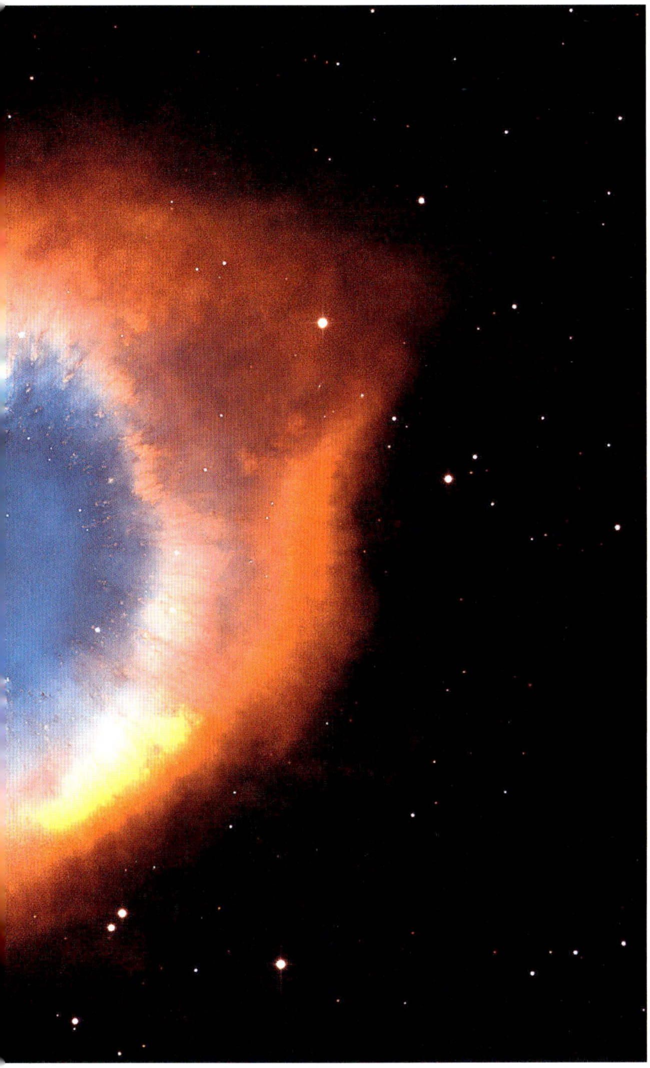

↑ À 650 années-lumière de la Terre, la nébuleuse de l'Hélice (appelée « l'œil de Dieu ») est l'une des plus proches. Données relevées par *Hubble* et l'observatoire de Kitt Peak.

Malheureusement, les expériences de physique des particules qui étudient ces oscillations ne peuvent que calculer les différences de masse entre les neutrinos, et non directement leur masse absolue. C'est ici qu'intervient la cosmologie : puisqu'ils ont une masse, les neutrinos ont une influence gravitationnelle. En passant d'un état relativiste lorsque l'univers est chaud et jeune à un état non relativiste en se refroidissant, ils laissent une empreinte caractéristique dans la distribution de matière de l'univers. Les physiciens essaient de mesurer précisément ce moment où les neutrinos changent d'état. En analysant les relevés de galaxies, il est déjà possible de déterminer une borne supérieure sur la masse des neutrinos. Les futurs instruments auront pour mission, dans les années à venir, de préciser cette limite dans un premier temps mais idéalement, à terme, de mesurer la masse réelle de ces particules.

Lorsque l'on observe le fond diffus cosmologique, on constate de nombreuses petites fluctuations dites « gaussiennes » (en référence à la loi statistique qu'elles respectent). S'il a existé une période d'inflation cosmique, les modèles indiquent qu'il devrait y avoir un très léger signal, appelé « non-gaussianités primordiales ». Toutefois, leur amplitude est si faible qu'il est impossible de les mesurer dans le fond diffus cosmologique avec les instruments actuels. Les cosmologues espèrent être un jour capables de mesurer plus précisément ce niveau de non-gaussianité, ce qui aiderait à révéler la physique de l'univers primordial.

LES THÉORIES ALTERNATIVES

Il est tentant de considérer le principe de l'inflation cosmique comme acquis, et ce d'autant plus facilement que le mécanisme est en accord avec les observations réalisées. Néanmoins, de nombreux scientifiques continuent de travailler sur des modèles alternatifs. Leur développement pose une grande quantité de problèmes théoriques, car il faut déjà être capable de reproduire toutes les observations disponibles aujourd'hui. La tâche s'avère donc difficile, mais pas nécessairement impossible.

Parmi les théories alternatives, l'« univers à rebonds » (*Big Bounce* en anglais) ne requiert pas de phase d'expansion accélérée. Dans cette approche, l'univers connaît une alternance de phases d'expansion et de contraction. Si

L'INTERFÉROMÈTRE GRAVITATIONNEL LISA

LISA, acronyme de *Laser Interferometer Space Antenna* (Antennes spatiales d'interférométrie laser), est une future mission spatiale développée par l'ESA, l'Agence spatiale européenne. S'inspirant du principe de LIGO et Virgo, LISA est le premier projet de détecteur d'ondes gravitationnelles dans l'espace. Le principal avantage d'un détecteur spatial est de pouvoir s'affranchir des bruits terrestres, sismiques notamment, et ainsi de pouvoir être sensible à de très faibles fréquences d'ondes. Cela lui permettrait de repérer des coalescences de trous noirs supermassifs ou de sonder l'univers primordial. Il faut pour cela être capable de percevoir l'équivalent d'une variation de distance de l'ordre d'un dixième de la taille d'un atome sur une longueur de plusieurs millions de kilomètres. Afin d'y parvenir, LISA sera composée non pas d'un unique instrument mais de trois stations disposées sur les sommets d'un triangle équilatéral de 2,5 millions de kilomètres de côtés. Chaque station échangera des faisceaux laser avec les autres et la comparaison du faisceau reçu avec le faisceau émis permettra de traquer la moindre variation de distance entre les stations, et donc le passage d'une onde gravitationnelle. Le lancement de la mission est actuellement prévu pour le début des années 2030-2040.

la singularité initiale disparaît ici, l'univers connaît tout de même, au moment des rebonds, un état très énergétique et très dense qui ne peut être précisément décrit que par une théorie unifiée de gravitation quantique. Cela rend extrêmement complexe le développement d'un tel modèle, puisqu'on ne dispose pas encore d'une théorie complète et établie mais d'une myriade de propositions, encore spéculatives. Néanmoins, là où ces échelles d'énergie sont encore hors de portée des accélérateurs de particules construits sur Terre, les phénomènes cosmologiques offrent la possibilité de les étudier et ainsi de mieux les connaître.

CONCEVOIR PLUSIEURS UNIVERS

Dès qu'il s'agit de construire des théories d'unification de la relativité générale et de la mécanique quantique, émerge assez naturellement la notion de multivers ou d'univers parallèles. Même si cette perspective peut sembler farfelue, l'univers dans lequel nous vivons n'est peut-être qu'une réalisation parmi d'autres univers possibles, chacun évoluant indépendamment des autres. De nombreuses recherches en physique fondamentale s'intéressent actuellement au « paysage cosmique » formé par le multivers, tel que le décrit le physicien théoricien Leonard Susskind.

Un espace-temps en inflation constante dont pourraient s'échapper par intermittence des univers-bulles, comme ce fut le cas pour le nôtre il y a 13,8 milliards d'années… Un univers miroir constitué d'antimatière et qui s'étendrait en arrière dans le temps à partir du Big Bang… Voici quelques théories qui demeurent encore largement spéculatives et très éloignées de la cosmologie observationnelle, y compris dans les décennies à venir.

En imaginant pouvoir disposer d'instruments suffisamment puissants, quelles sont les observations qu'il faudrait réaliser pour recueillir des indices validant telle ou telle hypothèse ? À l'heure actuelle, il n'existe pas réellement d'idée

↑ Étoile en fuite, traversant le gaz et la poussière, dans la région de Céphée B et C. Vue par *Spitzer* (2009).

claire sur les quantités mesurables permettant de recueillir des preuves tangibles. Sachant que toute théorie scientifique se doit d'être falsifiable, c'est-à-dire qu'il doit être possible de tester si elle est vraie ou fausse, dans le cas des univers-bulles ce critère semble peut-être même encore plus difficile à mettre en œuvre.

Ces critiques s'appliquent également à la théorie de l'inflation. Certains de ses détracteurs avancent en effet que l'inflation cosmique possède finalement tellement de manières de se réaliser que, quelles que soient les observations concrètes opérées, il sera toujours possible de trouver un modèle qui puisse en rendre compte.

Notre capacité d'observation reste en outre limitée par l'univers observable, qui est la partie du cosmos dans laquelle une information a eu le temps de voyager depuis le Big Bang jusqu'à la Terre. Pourra-t-on un jour remonter dans le temps avant le fond diffus cosmologique ? Par définition même du CMB, cela ne pourra pas se faire avec des informations de type lumineux, mais il est possible d'envisager d'autres messagers. Ainsi, le découplage des neutrinos, c'est-à-dire le moment où ceux-ci cessent d'interagir activement avec le reste de la matière, s'est produit à des énergies encore plus

← Pour sonder les âges sombres de l'univers, les astrophysiciens projettent d'installer des instruments sur la face cachée de la Lune.

élevées, donc à un moment où l'univers était encore plus jeune, âgé de quelques secondes à peine. L'observation de ce fond cosmologique de neutrinos pourrait alors offrir un nouvel éclairage sur l'univers primordial.

LA FIN DE L'UNIVERS

Le début de l'univers est donc encore source de nombreux mystères, mais sa destinée n'est pas mieux connue. Il existe plusieurs possibilités d'évolution qui dépendent essentiellement de deux facteurs : son expansion et la quantité de matière qu'il contient.

Si la phase d'expansion accélérée se prolonge éternellement, l'univers se diluera de manière exponentielle. Les étoiles s'éteindront, les trous noirs, privés de matière, s'évaporeront progressivement. L'univers finira par mourir à petit feu, dans un *Big Freeze* (« grand gel »). À l'opposé, comme dans les modèles d'univers à rebonds, il arrêtera son expansion après un certain temps avant de se contracter de nouveau.

Quoi qu'il en soit, ces processus se dérouleront sur plusieurs dizaines de milliards d'années pour les scénarios les plus violents, et jusqu'à plusieurs milliards de milliards de milliards d'années pour un lent *Big Freeze*. Une échelle de temps sans commune mesure avec la durée de vie de notre Soleil qui s'éteindra, lui, d'ici 5 milliards d'années.

BILAN : QUE SAURA-T-ON DE LA NAISSANCE DE L'UNIVERS D'ICI LA FIN DU SIÈCLE ?

Les premières réponses aux grandes questions sur l'univers viendront peut-être de la matière noire. Ces dernières années, tant d'indices se sont accumulés au cours des expériences scientifiques menées que certains chercheurs sont suffisamment optimistes pour considérer qu'une découverte majeure est proche dans ce domaine. L'avènement des grands relevés de galaxies devrait également permettre d'apprendre plus de choses sur l'énergie sombre et l'expansion de l'univers.

La détection des ondes gravitationnelles a ouvert l'ère de l'astronomie multi-messagers, qui ne repose plus uniquement sur la lumière et les télescopes sensibles aux rayonnements électromagnétiques. Les ondes gravitationnelles, tout comme les rayons cosmiques ou les neutrinos, seront donc à l'avenir des alliés de poids pour scruter l'univers.

Des projets sont également en préparation afin de sonder les âges sombres et les processus de réionisation. Ils devraient probablement commencer à donner des résultats dans les futures décennies. Parmi eux, le projet d'installer des instruments sur la face cachée de la Lune. En effet, l'absence de perturbations atmosphériques et la nécessité de devoir déployer de grands radiotélescopes pour ce type de recherche font de notre satellite un lieu parfait pour étudier cette époque reculée où aucune étoile n'était encore formée.

Si certains questionnements théoriques ou défis expérimentaux semblent, aujourd'hui encore, totalement insurmontables, il convient de garder à l'esprit qu'en l'espace d'à peine un siècle, notre compréhension de l'histoire de l'univers a déjà considérablement évolué. Des choses qui paraissent difficiles à concevoir ou à appréhender à notre époque le seront peut-être moins d'ici 50 ou 100 ans. L'histoire des sciences est ainsi jalonnée de ruptures et changements de paradigmes, que l'on pourrait résumer en une simple expression : ne jamais dire jamais.

CHAPITRE 4

CONNAÎTRONS-NOUS LA STRUCTURE DE L'UNIVERS ?

AVEC

HÉLÈNE COURTOIS

Membre de l'Institut universitaire de France, spécialiste en cosmographie et Chevalier de la légion d'honneur et des palmes académiques

DÉCRIRE L'UNIVERS CONNU

L'émergence de l'astronomie en tant que science de l'univers est souvent rattachée à l'Antiquité, notamment en raison de l'apport important des civilisations grecque et romaine dans ce domaine. Pourtant, les êtres humains s'interrogent sur l'univers depuis bien plus longtemps ! Discipline scientifique récente, née du croisement de l'astronomie et de l'archéologie, la paléoastronomie tente de comprendre comment les peuples les plus anciens se représentaient le cosmos.

← Nébuleuse du Crabe, vestige de supernova, vue par le télescope *Hubble* (2017). En 1054, on avait observé l'explosion en Chine et au Japon.

→ Vague de gaz chauds dans l'amas de galaxies Persée, couvrant 200 000 années-lumière (le double de la Voie lactée). En réunissant des données radio, informatiques, et celles de l'observatoire aux rayons X *Chandra* (2017).

LES PREMIERS OBSERVATEURS DU COSMOS

De nombreux travaux de recherche soulignent le rôle joué par les Aborigènes australiens : 50 000 ans avant notre ère, ceux-ci auraient été en quelque sorte les premiers à avoir réellement réfléchi au cosmos, jusqu'à en élaborer une représentation. Les chercheurs n'écartent pas la possibilité qu'ils soient même parvenus à comprendre les solstices et les équinoxes.

Pour certains scientifiques, l'étude des peintures rupestres sur les sites préhistoriques démontre qu'il existait déjà, à cette époque reculée, un rapport au ciel. Ainsi, la « scène du puits » à Lascaux pourrait représenter en réalité les Taurides, une pluie de météores annuelle provenant de la constellation du Capricorne. Dans une autre salle de la grotte figure une peinture d'aurochs à la tête surmontée de cinq points noirs, qui rappellent l'amas des Pléiades dans la constellation du Taureau.

En Amérique du Sud, les peuples mayas et aztèques vénéraient le Soleil et la Lune, les deux principaux astres dans le ciel. En Grande-Bretagne, les grands alignements de pierres comme Stonehenge témoignent également d'une haute connaissance de l'astronomie.

Plus près de nous, les peuples de l'Antiquité se sont intéressés davantage aux planètes – un mot qui, en grec, signifie « astres errants ». Jusque-là, la connaissance du cosmos se résumait essentiellement à apprendre à repérer les cycles du Soleil et de la Lune. Les astronomes antiques, s'ils ne sont pas les premiers à s'intéresser aux constellations, en établissent une cartographie précise et leur attribuent les noms par lesquels nous les connaissons encore aujourd'hui. Une fois toute la sphère céleste cartographiée, il devient possible de repérer les événements qui s'y produisent.

En Occident, l'approche est principalement descriptive et géométrique : il est question de mesures d'angle, de déplacements, de hauteur des objets dans le ciel. À l'inverse, d'autres populations, notamment en Inde ou en Afrique, conservent une relation au cosmos empreinte de spiritualité.

La cosmogonie, c'est-à-dire l'histoire de l'univers et de ce qui nous entoure, est systématiquement liée à notre environnement. Ainsi, chez les Inuits, l'univers est une voûte givrée qui surplombe notre planète. Les étoiles représentent du givre qui scintille et la neige, des étoiles qui tombent sur Terre. Il existe des ethnies indiennes dont les cosmogonies sont composées de mondes souterrains posés sur une carapace de tortue et surmontés de plusieurs cieux avant d'arriver aux étoiles. Certaines ethnies africaines ont construit des représentations du cosmos basées sur d'énormes arbres aux racines très profondes. La cosmologie racontée aujourd'hui en Occident est également soumise à cet effet d'environnement. Dans la continuité de l'Antiquité, nous avons développé un langage mathématique et la cosmologie actuelle repose

↑ L'astronome grec Hipparque (IIᵉ s. av. J.-C.), a répertorié quelque 850 étoiles, leurs coordonnées célestes et leur magnitude (gravure, env. 1880).

essentiellement sur la géométrie et la physique. Elle demeure toutefois une cosmogonie en ce sens où elle est une histoire de l'univers qu'on se raconte et dont certains aspects ne sont pas encore prouvés.

DES MODÈLES COSMOLOGIQUES EN PERPÉTUELLE ÉVOLUTION

La compréhension de l'univers est en évolution permanente, et parfois sur des périodes relativement courtes. Ainsi, la vision que pouvait en avoir Albert Einstein au début du XXᵉ siècle est très différente de la nôtre : il ne savait pas qu'il vivait dans une galaxie ni que d'autres galaxies existaient. Et lorsqu'il élabora sa théorie de la relativité générale, l'univers était supposé fixe.

Si la cosmologie se définit comme la science de la structure et de l'évolution de l'univers, un modèle cosmologique ne saurait pour autant prétendre décrire l'univers en tant que réalité objective : il ne peut en donner que la représentation, imparfaite, que l'on s'en fait. Et celle-ci dépend non seulement des connaissances scientifiques et des outils conceptuels de l'époque, mais également des limites des instruments de mesure et de notre compréhension de leur fonctionnement. Quelle que soit cette figuration symbolique – une gravure au fond d'une grotte, un schéma dans une pyramide maya ou le modèle du Big Bang –, les mêmes questions se posent dès lors qu'il s'agit de définir notre place dans l'univers : y a-t-on une position privilégiée ? L'univers est-il immuable ou, au contraire, en constante évolution ?

Pendant plusieurs milliers d'années, peu de réponses ont été apportées à ces interrogations et il a fallu attendre la Renaissance pour que les modèles cosmologiques changent quant à la position de la Terre, en cessant de la placer au centre du cosmos. Notre conception d'un univers changeant et en expansion date du début du XXᵉ siècle seulement. Et cela ne fait que 25 ans que l'existence d'exoplanètes, c'est-à-dire de mondes situés hors des frontières de notre système solaire, est devenue une réalité concrète pour les astrophysiciens.

De la lunette de Galilée aux télescopes modernes, l'amélioration des instruments scientifiques a permis de faire progresser plus rapidement les modélisations. L'accessibilité croissante des technologies d'observation du cosmos et leur partage à l'échelle du globe ont progressivement effacé les effets d'environnement qui existaient jusqu'alors, pour laisser place à un modèle cosmologique uniformisé. Avec l'émergence récente de nouvelles technologies expérimentales qui utilisent d'autres sources d'information que la lumière, telles les ondes gravitationnelles (voir p. 96) ou des particules élémentaires comme les neutrinos (voir p. 118), s'ouvre aujourd'hui la possibilité de faire évoluer à nouveau notre modèle cosmologique et notre compréhension de l'univers.

LA CONSTANTE COSMOLOGIQUE, UN PARAMÈTRE CORRECTIF

Si la théorie de la relativité restreinte introduit le couplage entre espace et temps, la relativité générale met en évidence la relation intime entre masse et géométrie de l'espace. Lorsque cette théorie est élaborée au début du XXe siècle par Albert Einstein, sa femme Mileva Marić et le mathématicien Marcel Grossmann, elle est avant tout une modélisation mathématique : elle ne donne pas d'interprétation de la réalité, rôle qui échoit au physicien.

Telles qu'écrites à l'origine, ces équations montrent un univers instable, qui finit nécessairement par évoluer sous l'influence de la gravitation. Or, à l'époque, un univers non statique est une chose encore impensable. Les relevés astronomiques établis par William et Caroline Herschel au cours du XIXe siècle avaient bien commencé à révéler la forme de la Voie lactée, mais dans l'esprit des physiciens du début du XXe siècle, l'univers reste limité à notre seule galaxie : on perçoit alors de grandes structures tels la galaxie d'Andromède ou le Petit et le Grand Nuage de Magellan comme des objets appartenant à la Voie lactée.

Pour stabiliser ces équations et garantir que l'univers reste statique, le trio de mathématiciens décide alors d'introduire un paramètre correctif, appelé « constante cosmologique ». Cependant, au même moment, dans les années 1920, Edwin Hubble montre non seulement qu'il existe des galaxies à l'extérieur de la nôtre, mais aussi qu'elles s'éloignent d'autant plus vite que leur distance est élevée.

COMPRENDRE LES GRANDES STRUCTURES DE L'UNIVERS

La découverte de l'expansion de l'univers marque un tournant dans notre compréhension du cosmos. Ce n'est pas un phénomène simple à appréhender. Si l'espace s'étend, pour autant la plupart des objets qui l'occupent ne changent pas de forme : localement, les forces de gravitation s'opposent à cette dilatation. Ainsi, il n'existe pas d'expansion à l'intérieur même d'une galaxie. Pour prendre une image parlante, si l'on imagine que l'espace est une nappe à carreaux et que les galaxies sont des tasses posées dessus, ce n'est pas parce qu'on tire sur la nappe de tous les côtés que les tasses vont se déformer.

Parallèlement à ce changement de paradigme, les améliorations apportées aux télescopes permettent le développement d'une cartographie plus fine du cosmos. Celle-ci a notamment beaucoup bénéficié de l'émergence des mesures dites « du décalage vers le rouge » (voir p. 81), c'est-à-dire de l'éloignement des galaxies. On passe alors d'une vue « à plat » de la voûte céleste – c'est-à-dire en deux dimensions – à une exploration en trois dimensions. Même si de nombreuses cosmogonies évoquaient déjà un univers en volume, cette méthode permet enfin aux astronomes de sortir de la galaxie et d'accéder à cette profondeur du cosmos.

Lorsque l'Américain George Abell publie en 1958 un catalogue de plusieurs milliers d'amas de galaxies, on constate que dans certains endroits du ciel, les galaxies sont plus nombreuses qu'ailleurs. Elles ne sont donc pas réparties de manière totalement uniforme et il semble exister dans l'univers des grandes structures sous-jacentes. Abell propose de désigner ces regroupements de galaxies par le mot anglais *cluster*, qui sera traduit de manière impropre par « amas ». Dès les années 1930,

→ Maelström de gaz incandescent et de poussière sombre dans l'une des galaxies satellites de la Voie lactée, le Grand Nuage de Magellan (LMC).

LE BESTIAIRE DES GALAXIES

En 1925, Edwin Hubble propose de regrouper les galaxies selon leur forme apparente. Cette classification, appelée « séquence de Hubble », est traditionnellement représentée sous la forme d'un diapason dont les branches figurent les grandes familles.
À gauche de ce diagramme se trouvent les galaxies elliptiques, qui sont des regroupements sphéroïdaux d'étoiles de forme tridimensionnelle dépourvus de motif particulier. Ces galaxies, qui contiennent en général de vieilles étoiles, sont pauvres en matière et gaz interstellaire, ce qui limite l'apparition de nouvelles étoiles.
À droite du diagramme se détachent deux branches. La première regroupe les galaxies spirales qui prennent la forme d'un disque aplati comportant un bulbe central et des bras s'enroulant autour de ce centre. La seconde contient les galaxies spirales barrées, comme notre Voie lactée, où les bras spiraux s'enroulent cette fois autour d'une bande d'étoiles centrale.
À l'intersection de toutes les branches se trouvent les galaxies dites « lenticulaires » (à disque, sans bras spiraux). Enfin, les galaxies qui n'entrent pas dans cette classification sont regroupées sous l'appellation de « galaxies irrégulières ».
Améliorée par Gérard de Vaucouleurs en 1959, la séquence de Hubble tient désormais compte de caractéristiques plus fines des galaxies.

← Une galaxie en anneau et sa couronne d'étoiles bleues relativement jeunes. Image observée grâce au télescope spatial *Hubble* (2004).

l'astrophysicien Harlow Shapley avait également repéré une région très riche en étoiles. Cette zone, qui prit plus tard le nom de « concentration de Shapley », est en réalité une énorme « concentration » de galaxies que l'on appelle un « superamas » (*supercluster* en anglais).

À la fin des années 1960, très peu de galaxies sont encore connues (quelques milliers seulement). L'univers paraît encore relativement homogène et les amas font davantage penser à des grumeaux dans une soupe qu'à une réelle architecture cosmique. Avec les grands relevés astronomiques entrepris dans les années 1980 par John Huchra, Margaret Geller et Valérie de Lapparent, sont mis en évidence des filaments de galaxies qui arrivent à l'amas de la Chevelure de Bérénice ou en partent. Quelques années plus tard, de nouveaux relevés montrent que ces filaments forment en réalité un grand mur de galaxies. C'est la première fois qu'une telle structure est observée, ce qui lui vaut le nom de « Grand Mur ».

En parallèle, le lancement du satellite *Hubble* en 1990 offre au monde les premières images de galaxies. Leur impact auprès du grand public est considérable, mais également au sein de la communauté des astronomes qui accèdent enfin à des images couleur en très haute résolution de l'univers.

En 2000 est lancé le programme *Sloan Digital Sky Survey* (SDSS). Utilisant un télescope optique dédié au sein de l'observatoire d'Apache Point aux États-Unis, cet ambitieux programme se donne pour mission de cartographier un quart de la voûte céleste et de recenser plus de 100 millions d'astres. Grâce aux données recueillies, les astronomes annoncent en 2003 la découverte du Grand Mur de Sloan, deux fois plus long et deux fois plus large que le précédent, ce qui en fait l'une des plus grandes structures cosmiques connues à ce jour. Cela confirme que l'univers est effectivement un assemblage de grands ensembles qui font penser à des bulles de savon, sur lesquelles sont réparties les galaxies.

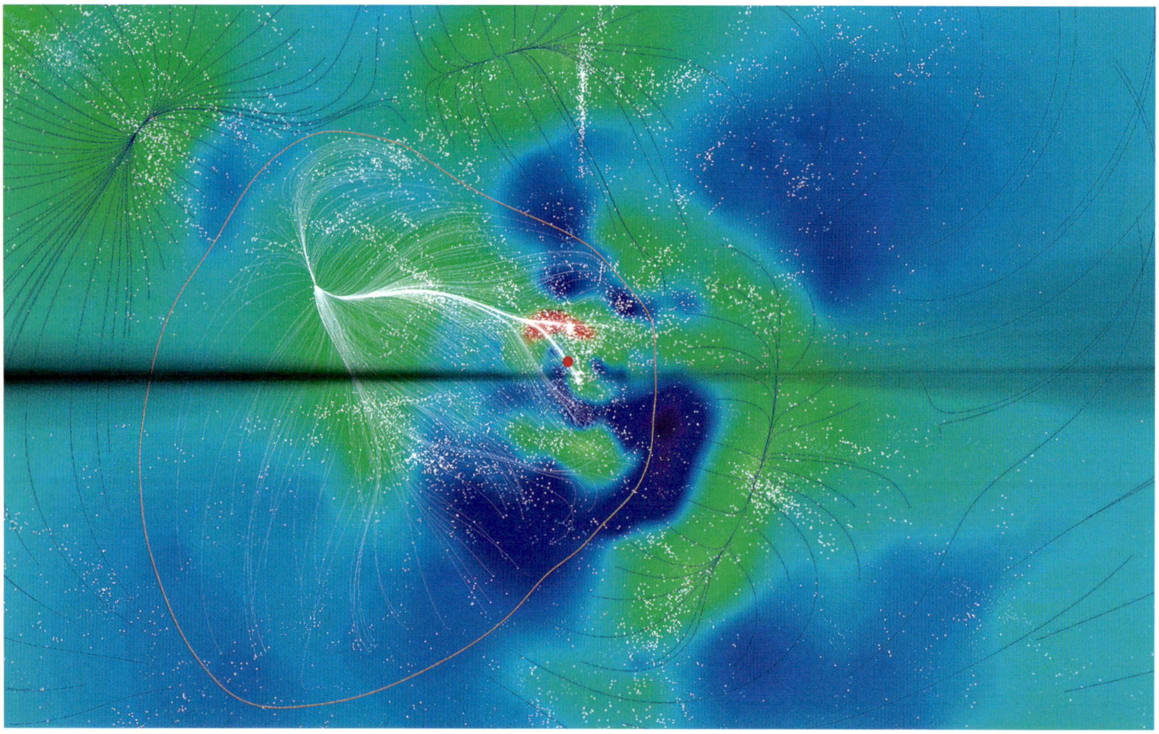

↑ Laniakea est le superamas de galaxies d'un diamètre de 500 millions d'années-lumière à l'intérieur du pourtour orange. C'est le superamas dont fait partie la Voie lactée (point rouge).

DES SEPT SAMOURAÏS À LANIAKEA

Si les galaxies se déplacent en raison de l'expansion de l'univers, leur mouvement devrait, en théorie, être également altéré sous l'effet de la gravitation, compte tenu des masses colossales en jeu. Partant de ce constat, une équipe d'astrophysiciens dirigée par Sandra Faber et Donald Lynden-Bell développe une méthode permettant de mesurer les vitesses relatives de déplacement des galaxies. À la fin des années 1980, les chercheurs découvrent que les mouvements de la Voie lactée et de ses voisines les plus proches semblent converger vers un endroit précis, qui prend le nom de « Grand Attracteur ».

Loin de faire l'unanimité, cette théorie est alors perçue par leurs détracteurs, qui ne jurent que par l'expansion cosmique, comme un suicide professionnel, ce qui vaut à nos astrophysiciens le surnom de « Sept Samouraïs »... L'idée qu'il est désormais possible de tracer de véritables cartes des mouvements des galaxies en intégrant la quatrième dimension, le temps, fait néanmoins son chemin. Il ne s'agit alors plus simplement d'identifier les structures, mais de comprendre pourquoi et comment elles se forment.

En élaborant des cartes de plus en plus grandes, une équipe internationale composée de Brent Tully, Hélène Courtois, Yehuda Hoffman et Daniel Pomarède constate qu'il existe des galaxies derrière le Grand Attracteur, qui tombent également vers lui. Les chercheurs observent en outre, encore plus loin, d'autres galaxies qui semblent s'acheminer vers un autre point d'attraction cosmique. Ils comprennent alors que ces grandes structures cosmiques sont semblables à des bassins versants – il est plus facile de découvrir la forme de la vallée quand on aperçoit les deux

chaînes de montagnes qui la bordent. En 2014, ils dévoilent ainsi la structure de Laniakea, un immense regroupement d'amas de galaxies, auquel appartient la Voie lactée, qui s'écoulent toutes vers le Grand Attracteur. Laniakea vient du mot hawaïen *lani*, « Paradis » et *akea*, « incommensurable ».

Comment évoluera Laniakea ? Sans compréhension définitive du mécanisme de l'expansion et de son évolution possible, il serait hasardeux de répondre catégoriquement à cette question. Dans l'état actuel des connaissances, il est probable que Laniakea finira par se disperser, car les galaxies en périphérie ne sont pas assez « tenues » par la gravitation. En revanche, le Grand Attracteur, lui, restera en place. En remettant en lumière l'importance de la gravitation à un moment où la communauté scientifique restait bloquée sur la question de l'expansion, la découverte de Laniakea a considérablement fait progresser notre compréhension physique de la cosmographie.

↑ Le programme SDSS a permis de cartographier les positions et les vitesses de centaines de milliers d'étoiles et des naines blanches à plus de 100 000 années-lumière.

Maintenant que l'on connaît mieux la manière dont s'agrègent et se déplacent les galaxies, il reste à s'interroger sur ce que l'on trouve entre ces grands ensembles : le vide. Un espace *a priori* pur et non perturbé par la gravitation. Pour cette raison, ces régions de l'espace sont devenues, aux yeux des cosmologues, de véritables sondes cosmologiques. Grandes structures et vides cosmiques constituent en quelque sorte les deux faces d'une même pièce qui doivent conjointement nous amener à une compréhension globale de notre univers.

L'ÉNIGME DE LA MATIÈRE NOIRE

Comme souvent en physique, la dynamique des objets apporte une compréhension plus large que l'étude de leur statique. À la faveur de l'amélioration des instruments d'observation, les astronomes commencent à s'intéresser au mouvement des étoiles dans les galaxies. Celles-ci sont en effet en rotation autour du centre galactique, leur vitesse dépendant directement de leur éloignement du centre. À titre d'exemple, situés plutôt en périphérie de la Voie lactée, notre Soleil, et par conséquent la Terre, parcourent chaque seconde quelque 220 kilomètres.

Toutefois, poursuivant les travaux pionniers de Vera Rubin, plus les observations astronomiques s'accumulent au cours du XXe siècle, plus une anomalie apparaît au grand jour dans le modèle cosmologique standard. Celui-ci ne parvient pas à rendre compte de la réalité du mouvement des astres, sauf à postuler l'existence d'un nouveau type de matière indétectable par les instruments scientifiques : la « matière noire ».

→ L'amas de galaxies Abell 1689 forme une lentille gravitationnelle pour les objets derrière lui, grâce à la présence de matière noire. Image prise par le satellite *Hubble* (2017).

DE LA MASSE MANQUANTE

Dès les années 1960, l'astronome américaine Vera Rubin se penche sur les vitesses de rotation des galaxies. Ses observations posent question : les étoiles semblent y tourner tellement vite qu'elles devraient théoriquement en être éjectées. Pourtant, lorsqu'on considère l'ensemble des étoiles, il ne semble pas y avoir suffisamment de force de rappel gravitationnel pour contrebalancer la force centrifuge générée par la rotation et empêcher la galaxie de se disperser.

En outre, grâce aux observations des galaxies – dont certaines sont lointaines et donc âgées – réalisées par le télescope spatial *Hubble*, les cosmologues constatent que la taille d'une galaxie varie finalement assez peu : les galaxies ont beau évoluer et ne pas avoir nécessairement les mêmes couleurs selon les éléments chimiques qu'elles contiennent, elles ne paraissent pas se disloquer.

Tous ces résultats tendent à indiquer qu'il existe là de la masse, inconnue, qui n'est pas sous forme d'étoile. Une conclusion à laquelle avait déjà abouti à une autre échelle (extragalactique), dans les années 1930, l'astrophysicien Fritz Zwicky : constatant que les galaxies semblaient se déplacer trop vite à l'intérieur des amas, il avait suggéré qu'il pouvait y avoir de la matière en dehors des galaxies. Sa personnalité fantasque et les limitations observationnelles avaient alors peu convaincu ses collègues de l'époque. Vera Rubin, au début de sa carrière et de ses observations sur les amas, avait dû affronter les mêmes réserves de la part de la communauté scientifique, peu encline à accepter ce genre de théorie et, en outre, essentiellement masculine. Les observations sur les mouvements stellaires changent pourtant la donne : dès lors que tout le monde réalise des catalogues de déplacements d'étoiles, il devient impossible d'opposer à la chercheuse

NOTRE PLACE DANS LA GALAXIE

DISTANCE AU SOLEIL CENTRE GALACTIQUE	**28 000 années-lumière**	TAILLE DU DISQUE GALACTIQUE	**100 000 années-lumière**
MASSE DU SOLEIL	**330 000 fois la masse de la Terre**	MASSE ESTIMÉE DE LA VOIE LACTÉE	**1 000 milliards de masses solaires**
TAILLE DU GROUPE LOCAL (VOISINAGE DE LA VOIE LACTÉE)	**60 galaxies réparties sur 10 millions d'années-lumière**	TAILLE DE LANIAKEA	**500 millions d'années-lumière**
MASSE ESTIMÉE DU GROUPE LOCAL	**2 300 milliards de masses solaires**	MASSE ESTIMÉE DE LANIAKEA	**100 millions de milliards de masses solaires**

une quelconque faiblesse ou lacune de ses observations.

Si Zwicky en avait émis l'idée, la puissance des travaux de Vera Rubin fait définitivement d'elle la mère de la matière noire – il faudrait d'ailleurs plutôt parler de matière sombre (*dark matter* en anglais) car de la matière « noire », c'est-à-dire opaque, absorbant les rayonnements, serait facilement visible par les télescopes… Cette appellation résume bien tout le mystère que constitue cette forme de matière : une masse encore inconnue et invisible, mais suffisamment grande pour influencer la dynamique des galaxies. Pour de nombreux astronomes, il n'aura manqué qu'une preuve de l'existence de cette matière sombre pour que Vera Rubin soit distinguée du prix Nobel qu'elle méritait. Sa disparition en 2016 mit définitivement un terme à cet espoir de reconnaissance, les prix n'étant attribués qu'à des chercheurs vivants. Pourtant, comme nous le verrons plus loin pour l'énergie noire, c'est l'observation qui a conduit au prix Nobel, pas la compréhension du phénomène. Encore un acte délibéré contre les femmes physiciennes.

Avec l'affinement croissant de la précision des observations, les scientifiques découvrent qu'il semble manquer de la masse à toutes les échelles de grandeur : à l'intérieur des galaxies, au niveau des amas, mais aussi au sein des plus grandes structures cosmiques connues. Les calculs indiquent qu'il y aurait même quatre fois plus de matière noire que de matière ordinaire. Deux options sont envisagées : soit cette matière existe sous une forme qui reste à identifier, soit on se trompe sur les équations de la gravitation. Tout l'enjeu de la recherche actuelle dans ce domaine est de parvenir à choisir entre ces deux possibilités.

↓ Cartographie de la Voie lactée dans l'infrarouge (elle s'étend horizontalement) par le télescope *WISE* (2012).

NEUTRINO STÉRILE ET AXION, D'AUTRES CANDIDATS POTENTIELS

Les théories sur la matière noire envisagent aussi la possibilité d'autres particules. Les neutrinos sont des particules bien connues de la physique pour être très légères et quasiment impossibles à arrêter, car elles interagissent très peu avec la matière. On pense qu'il pourrait exister une nouvelle variété de neutrinos, surnommés « stériles » car ils n'interagissent avec les autres particules qu'à travers la gravitation. Les expériences menées jusqu'à présent donnent des résultats mitigés : la question reste donc encore ouverte. L'autre candidat en qui les scientifiques placent leurs espoirs est l'axion, une hypothétique particule beaucoup plus légère que la WIMP et interagissant elle aussi très peu avec la matière ordinaire. Si la matière noire est effectivement constituée d'axions, il en faut néanmoins une quantité phénoménale pour expliquer les mouvements des galaxies et des amas. Les premières expériences capables de les détecter ont vu le jour récemment et pourraient livrer des informations intéressantes d'ici quelques années.

DÉTECTER LA MATIÈRE NOIRE

Plusieurs modèles tentent d'expliquer ce que peut être la matière noire. L'une des principales théories fait intervenir des particules massives interagissant très peu avec la matière ordinaire, ce qui pourrait expliquer qu'on ne les ait pas détectées auparavant. Ces WIMPs (*Weakly Interacting Massive Particles*) sont susceptibles d'être générées dans des collisions de particules à très haute énergie, comme celles réalisées au LHC (*Large Hadron Collider* – ou « Grand Collisionneur de hadrons »), le plus puissant accélérateur de particules au monde installé au CERN, près de Genève. Les WIMPs ne laisseraient aucune trace dans les détecteurs du LHC, mais elles devraient emporter avec elles une partie de l'énergie totale dégagée lors de la collision. Ainsi, une disparition inexplicable d'énergie lors d'un de ces événements pourrait mettre les physiciens sur la piste de la matière noire. Autre possibilité ? Attendre que des particules émergent du vide sous forme de couples particule-antiparticule, comme le prévoit la mécanique quantique. Néanmoins, jusqu'à présent, ce mécanisme n'a donné jour qu'à des particules et antiparticules déjà connues.

D'autres expériences cherchent plutôt à détecter le passage de WIMPs venues du cosmos. C'est le cas d'EDELWEISS (pour « Expérience pour DEtecter Les WIMPs En SIte Souterrain »), installée dans le laboratoire souterrain de Modane, sous le tunnel du Fréjus. Le principe est d'utiliser des détecteurs de germanium et d'attendre d'observer le recul d'un des atomes lorsqu'il est percuté, telle une boule de billard, par une WIMP qui traverse le milieu. Le germanium a été choisi pour ses propriétés électroniques. En effet, ce choc libère des électrons qui laissent un signal mesurable par les instruments et provoque également une très faible augmentation de température – de l'ordre d'un millionième de degré. Néanmoins, même si la matière noire nous entoure en permanence, la probabilité d'un tel choc demeure extrêmement faible, ce qui implique d'avoir une cuve de grande taille et d'attendre… longtemps.

↑ Intérieur d'un détecteur de DUNE, expérience menée par le CERN en 2017 pour piéger profondément sous terre des neutrinos.

Ces différentes approches ont toutes en commun de chercher à détecter directement la matière noire, mais il est aussi possible d'envisager une détection indirecte, comme le fait l'observatoire spatial PAMELA (*Payload for Antimatter Matter Exploration and Light-nuclei Astrophysics*), installé sur le satellite *Resours-DK1* lancé en 2006. En étudiant les gerbes de particules qui arrivent dans la très haute atmosphère, les scientifiques tentent de repérer des flashs qui seraient la marque de percussions et d'annihilations.

Jusqu'à aujourd'hui pourtant, aucune expérience n'a permis de découvrir la moindre trace de matière noire. L'ensemble des données et résultats accumulés permet néanmoins de restreindre de plus en plus le champ de recherche, en excluant certaines valeurs d'énergie ou de masse possibles, et même des particules candidates.

LA FAUSSE PISTE DES MACHO

Puisqu'elle est si abondante dans le cosmos, la matière noire ne pourrait-elle pas être formée par des astres ayant échappé à notre détection plutôt que par des particules ? C'est l'idée émise par une partie de la communauté scientifique, qui désigne ces hypothétiques objets astrophysiques compacts, massifs et peu visibles par l'acronyme MACHO (*Massive Astrophysical Compact Halo Object*). Ces astres peu lumineux pourraient ressembler à des naines brunes, bien plus grosses qu'une planète géante mais pas assez massives pour devenir des étoiles en provoquant des réactions thermonucléaires, ou à des naines blanches, c'est-à-dire des reliquats d'étoiles mortes.

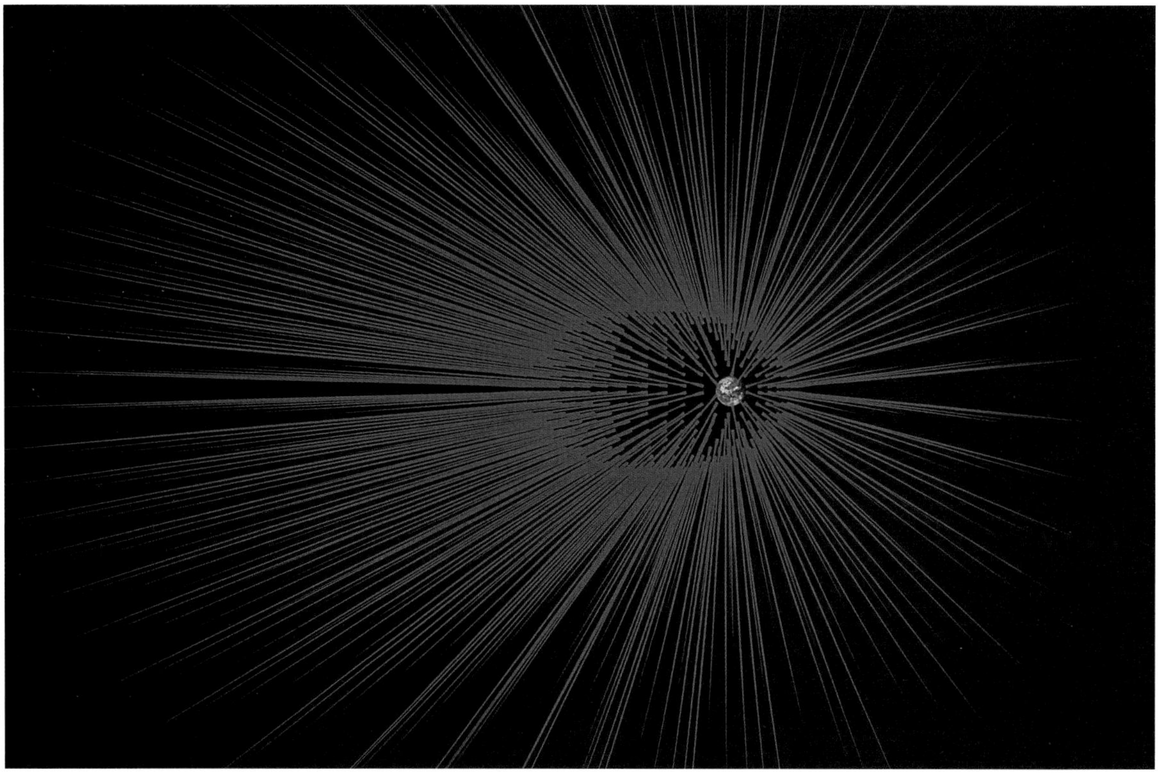

↑ Vue d'artiste de la Terre entourée d'hypothétiques filaments de matière noire.

Au début des années 1990, deux expériences, MACHO aux États-Unis et EROS en France, ont observé des millions d'étoiles en attendant qu'un objet de ce type passe sur la ligne de visée. En effet, si un objet massif passe entre la Terre et une étoile, son énorme force gravitationnelle courbera la lumière de l'étoile et focalisera ses rayons lumineux dans la direction de la Terre : l'objet jouera en quelque sorte le rôle d'une lentille optique. Comme nous recevrons plus de rayons que d'ordinaire, l'étoile nous paraîtra alors plus lumineuse. Or, ces deux expériences n'ont présenté aucun résultat probant. Trois décennies plus tard, il pourrait paraître tentant de relancer ce type de projet en misant sur l'amélioration des performances des outils. Cela ne serait toutefois pas nécessaire, car les dispositifs de détection des exoplanètes ont acquis aujourd'hui une telle précision qu'ils seront à même de nous renseigner sur de potentielles détections.

Si l'hypothèse d'astres sombres à l'intérieur d'une galaxie semble définitivement écartée, il reste la possibilité qu'existent des galaxies sombres – c'est-à-dire contenant un peu de gaz et peu d'étoiles – qui soient passées sous le radar des télescopes en raison de temps de pose trop courts pour réaliser des clichés révélateurs. On connaît bien quelques galaxies dans ce cas de figure, mais elles n'ont rien de très mystérieux à offrir à la curiosité des astronomes.

DES GALAXIES DÉPOURVUES DE MATIÈRE NOIRE ?

En 2018, des chercheurs ont découvert que quelques petites galaxies ne semblaient pas posséder de matière noire mais uniquement des étoiles et du gaz. Cette affirmation reste

↑ Dans l'amas du Fourneau, le télescope *Hubble* observe le décalage vers le rouge des galaxies ultra-lointaines (2013).

cependant encore sujette à caution, la marge d'incertitude étant non négligeable. Pour savoir si une galaxie contient ou non de la masse sombre manquante, encore faut-il pouvoir estimer sa masse totale par deux méthodes indépendantes et comparer les résultats. La première méthode consiste à compter le nombre d'étoiles et à le multiplier par leur masse, les masses des planètes étant négligeables en comparaison de celles des étoiles. La deuxième méthode vise à établir la courbe de rotation de la galaxie, qui détaille la vitesse des étoiles en fonction de leur distance au centre galactique. Sachant que les galaxies identifiées par les chercheurs n'ont qu'une très faible rotation, il s'avère donc difficile d'analyser leur masse par ce moyen.

Les galaxies concernées ne se situent pas n'importe où dans l'univers : ce sont des galaxies satellites en périphérie de galaxies plus imposantes. Les astronomes s'interrogent toujours sur leur période de formation : sont-elles des galaxies fossiles, c'est-à-dire des objets qui n'ont pas été perturbés et qui pourraient ainsi donner des informations précieuses sur leur histoire ? Peut-être se sont-elles formées à une époque où il n'y avait pas de matière noire ? La matière sombre a-t-elle joué un rôle dans les graines qui ont fait germer les plus grosses galaxies, au détriment des plus petites ?

MODIFIER LA THÉORIE DE LA GRAVITATION

Et si la matière noire n'existait pas ? Il faudrait alors songer à réécrire les équations d'Einstein. À grande échelle, la tâche s'avère compliquée : rendre compte des mirages gravitationnels observés dans les amas sans introduire de la masse supplémentaire nécessite un

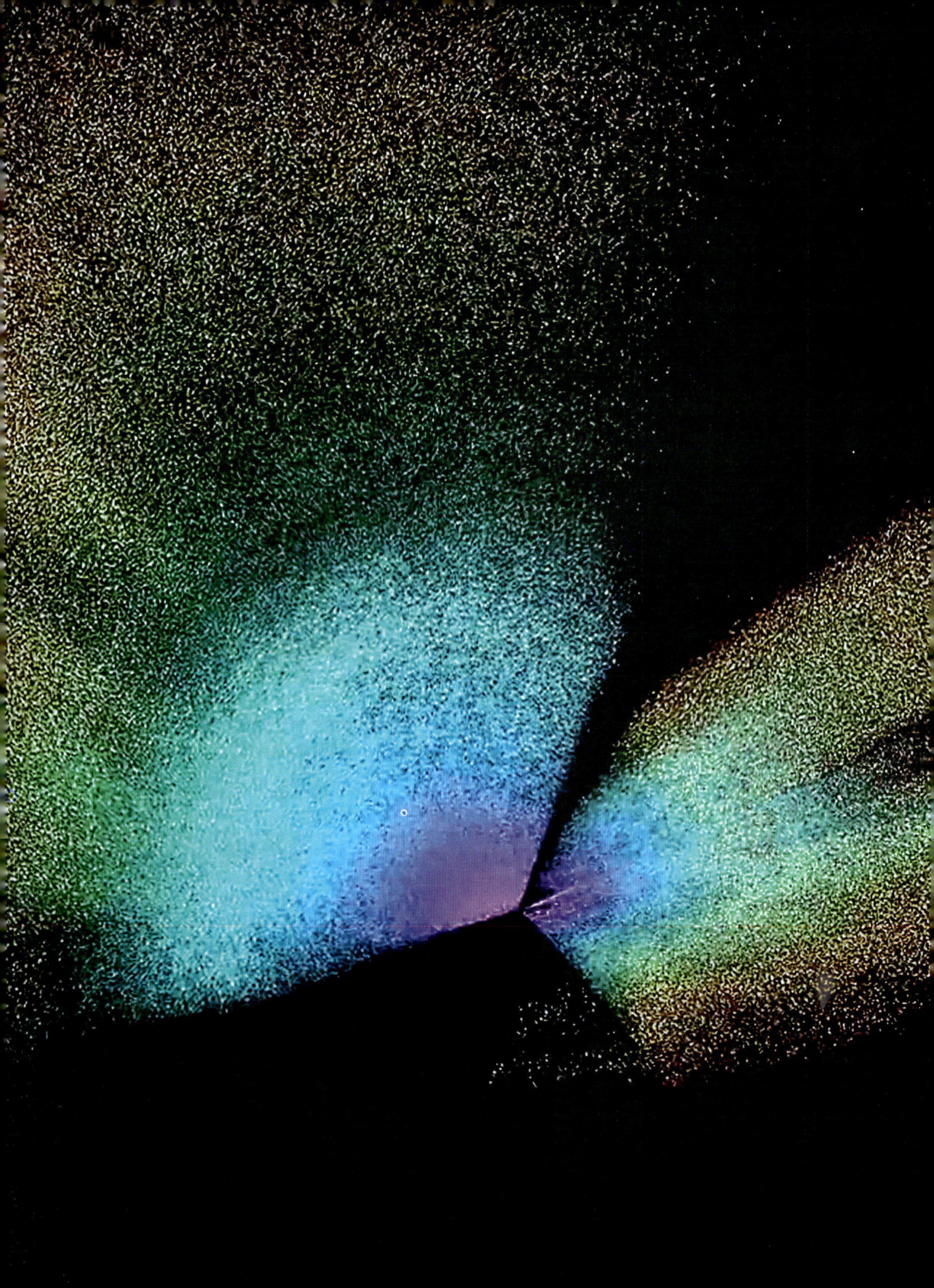

L'ANTIMATIÈRE, UNE OPTION PEU PROBABLE

Du point de vue de la gravitation, antimatière et matière ordinaire sont similaires, l'inversion de la charge électrique ne jouant ici aucun rôle. Dès lors, on peut s'interroger sur la possibilité que l'antimatière se soit retranchée dans certaines régions de l'espace, loin de la matière pour éviter toute annihilation mais suffisamment proche d'elle pour produire un effet gravitationnel notable. En l'occurrence, seuls les vides cosmiques offrent de telles conditions propices à l'accumulation d'antimatière. Dans ce cas néanmoins, les relevés dynamiques au sein des superamas comme Laniakea devraient permettre de détecter toute perturbation gravitationnelle capable de produire des anomalies de déplacement des galaxies. Or, pour l'instant, les résultats semblent plutôt indiquer que les vides sont réellement vides et qu'ils ne jouent aucun rôle du point de vue de la matière noire.

← Carte 3D de l'univers, publiée en 2020 par eBOSS et SDSS. Les filaments de matière et les vides définissent la structure de l'univers à ses débuts : nous sommes au centre, les quasars vieux de 11 milliards d'années sont les points périphériques très brillants, les galaxies plus jeunes apparaissent en bleu.

remaniement en profondeur de la relativité générale. Et c'est encore plus le cas quand il s'agit d'expliquer les trop grandes vitesses gravitationnelles des galaxies au niveau des grandes structures cosmiques. Soit la gravitation est mal comprise, soit on sépare de façon incorrecte son influence de celle de l'expansion.

Modifier les lois de la gravitation était l'enjeu de la théorie de la dynamique newtonienne modifiée, ou MOND, proposée par le physicien israélien Mordehai Milgrom en 1983. Ce dernier postule alors qu'à grande distance, la gravité ne se comporte pas de la façon dont le prédisent les théories actuelles. Les premières versions de son hypothèse, trop simples, ont fini toutefois par être disqualifiées par certaines observations cosmiques. Ainsi, pour qu'une théorie modifiée de la gravitation voie le jour avec succès, il faudra nécessairement que les scientifiques parviennent à en élaborer une version suffisamment complexe pour résister à tous les tests que permettent de réaliser les instruments de mesure modernes.

Ces dernières années, une autre théorie a fait son apparition, notamment grâce aux travaux d'Alexandre Arbey à Lyon : celle du fluide sombre. Ce modèle mêle modification de la gravitation et accélération de l'expansion dans le vide en faisant intervenir un fluide dont la pression change de signe selon la densité de l'environnement. En présence d'une forte densité, le fluide exerce une pression négative : il est alors attractif et pourrait se substituer à la gravitation. Inversement, dans une région de sous-densité tel un vide cosmique, le fluide exerce une pression positive : il est alors répulsif et mimerait donc l'expansion. Si les contraintes sur un tel modèle restent fortes, cette approche a le mérite d'aborder non seulement le problème de la matière noire mais aussi l'autre grande question de la cosmologie actuelle : l'énergie noire.

ÉNERGIE NOIRE ET EXPANSION ACCÉLÉRÉE

L'énergie noire, ou énergie sombre, est l'interprétation physique que l'on peut donner à la constante cosmologique introduite par Einstein. À la fin des années 1990, les observations réalisées par Saul Perlmutter, Brian Schmidt et Adam Riess montrent que l'expansion de l'univers s'accélère. Soixante-dix ans après la mise en lumière de l'expansion elle-même, cette découverte importante leur ouvre les portes du prix Nobel en 2011 mais elle pose une question fondamentale : quelle est la cause de cette accélération ?

→ La luminosité et l'énergie dégagée par l'explosion d'une supernova renseignent les astronomes sur sa distance à la Terre. Ici, vestige de CTB 1 vu par le radiotélescope *VLA* (2019).

UN UNIVERS EN EXPANSION ACCÉLÉRÉE

Pour aboutir à ce résultat, les chercheurs ont effectué des mesures de distance relative sur des *supernovæ*, qui correspondent à l'explosion d'étoiles très massives. Les *supernovæ* sont considérées comme des « chandelles standard », c'est-à-dire que leur courbe de luminosité est toujours identique et ne dépend que de la distance d'observation. Ainsi, une faible luminosité indique que la supernova se trouve à très grande distance.

En mesurant la distance entre la Terre et plusieurs *supernovæ*, il est apparu que certaines d'entre elles étaient plus éloignées que ce que prévoyait le modèle d'une expansion constante de l'espace, défini par la loi de Hubble-Lemaître. Il semble donc qu'à un ou plusieurs moments dans la vie de l'univers, celui-ci ait connu une phase d'expansion accélérée. Il est possible d'interpréter ce résultat en postulant l'existence d'une énergie agissant en quelque sorte pour « pousser » l'expansion de plus en plus vite.

Une telle remise en question du modèle cosmologique n'a pas été acceptée d'emblée par la communauté scientifique. Il a fallu attendre une dizaine d'années avant que d'autres équipes de recherche ne publient le résultat de leurs observations, avec un plus grand nombre de *supernovæ* observées et des biais statistiques moindres. Ces études plus approfondies sont venues confirmer le constat initial de Perlmutter, Schmidt et Riess. Néanmoins, certains scientifiques continuent de douter de cette accélération dont la preuve observationnelle repose exclusivement sur nos connaissances des *supernovæ*, qui peuvent un jour s'avérer erronées ou du moins incomplètes. En l'occurrence, l'évolution de nos connaissances sur le sujet tend à montrer que les *supernovæ* ne sont pas des chandelles standard pures et qu'il est donc parfois possible de se tromper sur leur luminosité. Il suffit d'une faible erreur de mesure pour faire croire à une accélération, d'autant que les physiciens se limitent jusqu'à présent à des *supernovæ* proches, pour lesquelles l'expansion et

son accélération demeurent modérées. L'ambition est donc désormais de pouvoir étudier des *supernovæ* plus lointaines.

Les analyses de *supernovæ* devenant néanmoins de plus en plus poussées et précises, certains astronomes soutiennent l'idée que leurs courbes de luminosité dépendent notamment de l'âge de leur environnement stellaire. Une supernova jeune dans un bras d'une galaxie spirale constituera une certaine chandelle standard. Si, *a contrario*, elle se trouve entourée de vieilles étoiles, elle sera classée

↑ Le télescope *Hubble* observe l'explosion de *supernovæ* dans la galaxie M82, à 11,5 millions d'années-lumière de la Terre (2017).

dans une autre famille de *supernovæ*. De quoi alimenter à nouveau le débat entre hyperspécialistes de la discipline !

Pour s'affranchir de la limitation relative à l'étude des *supernovæ*, il faudrait étudier d'autres objets cosmiques tels que les galaxies. La loi de Tully-Fisher, qui décrit la relation entre la luminosité d'une galaxie spirale et l'amplitude de sa courbe de rotation, peut être utilisée pour déterminer les distances des galaxies, selon un principe analogue à ce qui a été réalisé avec les *supernovæ*. Si cela n'a pas encore été fait, c'est principalement en raison des limitations des télescopes. Avec le lancement à venir du satellite *Euclid*, les astronomes sont confiants dans leur capacité à réaliser ce type de mesures.

UN MÉCANISME EN PLUSIEURS TEMPS

Pour les cosmologues, l'énergie sombre caractérise un phénomène qui varie avec le temps. Très peu de temps après le Big Bang, l'univers a connu une période d'inflation où son expansion s'est accélérée de façon considérable (voir p. 83). C'est, en l'état actuel de nos connaissances, la seule façon qu'ont les cosmologues d'expliquer comment l'univers a pu se refroidir suffisamment vite pour former des atomes. Passé cette première étape, l'expansion a baissé en régime, ce qui a permis la naissance des galaxies et des grandes structures. Puis, il y a environ 7 milliards d'années, quand l'univers n'avait que la moitié de son âge actuel, on estime que l'accélération a redémarré, toutefois beaucoup moins rapidement que pendant la période d'inflation initiale. Cette phase d'accélération perdure aujourd'hui encore. Il faudrait avoir davantage de points de repère répartis tout au long de la vie de l'univers pour que les physiciens puissent tester et affiner leurs modèles afin qu'ils collent au mieux aux données observationnelles.

Einstein avait introduit la constante cosmologique dans les équations de la relativité générale dans le but de freiner l'expansion qui émergeait naturellement de sa première formulation. Quand les observations ont montré que cette expansion n'était pas constante, il est devenu nécessaire de remplacer la « constante » cosmologique dans les équations par un terme énergétique qui pousse à accélérer l'expansion. Ce terme, qui ne peut correspondre à de la matière gravitante, doit donc trouver son origine ailleurs.

UNE ÉNERGIE MYSTÉRIEUSE ET PRÉDOMINANTE

L'équation $E = mc^2$ introduite par la théorie de la relativité met sur le même plan énergie et matière. Pour des raisons de commodité, les cosmologues agrègent la somme de toutes les masses et de toutes les énergies au sein d'une densité totale d'énergie, nommée Ω.

Cette densité totale se divise en deux termes : Ω^{Λ} qui désigne l'énergie sombre et Ω^{m} qui caractérise l'énergie de l'ensemble de la matière de l'univers, matière ordinaire et matière noire confondues. L'expansion et l'énergie sombre, qui correspondent à la trame de l'espace sur laquelle vient se placer la matière, représentent les trois quarts de ce bilan énergétique. Cela implique que l'univers a besoin de 75 % d'énergie pour réaliser la grille de l'espace. Dans les 25 % restants, seulement 5 % correspondent à de la matière baryonique, c'est-à-dire aux particules que l'on connaît ; le reste est de la matière sombre indéterminée. Autant dire que seule une très petite partie de l'univers nous est actuellement connue.

LES CANDIDATS POSSIBLES

Dès 1998, les modèles de quintessence (qui avancent l'hypothèse d'une forme d'énergie sombre comme explication aux observations de l'accélération de l'expansion de l'univers) ont été proposés pour tenter d'expliquer le comportement des *supernovæ*. La quintessence peut être vue comme un champ possédant une densité d'énergie et une pression négative qui poussent directement au niveau de la grille de l'espace, la faisant s'étendre de manière accélérée.

À l'heure actuelle, l'un des autres candidats les plus prometteurs pour expliquer la nature de l'énergie sombre est le fluide sombre précédemment évoqué. Le fait qu'il s'agisse d'un fluide s'avère très intéressant du point de vue physique. En effet, un fluide n'est pas nécessairement un gaz ou de la matière, mais cette notion rappelle l'éther que l'on supposait être, il y a quelques siècles, un milieu remplissant tout l'espace et qui servait de siège à la propagation de la lumière.

Une autre approche est développée par le physicien italien Gabriele Veneziano, père de la théorie des cordes (voir p. 89), autour des branes. Une brane est définie comme la généralisation à plusieurs dimensions d'une corde cosmique. Il s'agit ici de modifier radicalement les équations de la relativité générale en y incorporant des dimensions supplémentaires et des univers parallèles, aussi appelés « multivers ». Notre espace-temps classique à quatre dimensions ne serait alors qu'une sous-partie d'un ensemble beaucoup plus vaste.

Enfin, l'expérience AEGIS *(Antihydrogen Experiment: Gravity, Interferometry, Spectroscopy)* du CERN étudie les propriétés de l'antimatière en analysant la chute d'atome d'hydrogène et d'antihydrogène dans le champ de gravité terrestre. L'enjeu : déterminer si les deux types d'atomes se comportent de façon identique ou si la constante de gravitation est différente selon qu'on a affaire à de la matière ou de l'antimatière. Dans certains modèles cosmologiques, les vides cosmiques ne seraient pas totalement vides mais il pourrait y rester des éléments comme de l'antimatière ou des champs d'antigravitation, qui auraient une influence sur leur environnement.

Le problème cosmologique que représente la nature réelle de l'énergie noire se retrouve ainsi en permanence sous les doubles feux des physiciens des particules, qui cherchent à aller au niveau le plus élémentaire possible, et des cosmologues qui abordent la question par l'autre extrémité en établissant des cartes des grandes structures cosmiques que sont les amas et les vides.

BILAN : LA LUMIÈRE SERA-T-ELLE FAITE SUR LE SECTEUR SOMBRE D'ICI LA FIN DU SIÈCLE ?

La cosmologie a connu au XXe siècle une double révolution conceptuelle et observationnelle. D'un côté, l'émergence de la relativité générale a modifié en profondeur les rapports

↑ Le gaz intergalactique dans l'amas de Norma est rare, mais bouillonnant. La galaxie spirale le traverse si rapidement que son propre gaz est capturé et arraché. Image vue par les télescopes *Hubble* et *Chandra X* (2017).

entre espace, temps et gravitation. De l'autre, l'instrumentation scientifique toujours plus performante est venue simultanément conforter mais également pousser dans ses retranchements cette nouvelle théorie et le modèle cosmologique qui l'accompagne.

Euclid, un satellite spatial construit par les Européens dont le lancement est programmé en juin 2022, a pour but d'étudier non seulement l'histoire de l'expansion de l'univers mais aussi la formation des grandes structures cosmiques en analysant la répartition de la matière noire. Prévu pour un fonctionnement de 6 ans, *Euclid* aura probablement, dès sa première année, récupéré suffisamment de données pour faire progresser la connaissance sur ce secteur sombre.

La traque de la matière noire réduit cependant de plus en plus la possibilité pour les candidats potentiels d'échapper à l'observation. Quant à l'énergie noire, le mystère semble encore plus difficile à élucider. Que l'on parvienne à confirmer l'une des hypothèses envisagées ou bien qu'il faille à l'inverse revoir à nouveau notre copie sur la structure intime de l'univers, les secrets du secteur sombre ont probablement de quoi occuper la prochaine génération d'astronomes.

CHAPITRE 5

POURRONS-NOUS COLONISER UNE AUTRE PLANÈTE ?

AVEC
ROLAND LEHOUCQ
Astrophysicien au Commissariat à l'énergie atomique, spécialiste des hautes énergies et de la topologie cosmique

← Vue d'artiste de Kepler-22 b, première planète connue pour orbiter dans la zone habitable de son étoile (2011), d'après le télescope *Kepler*.

→ Cette image, prise depuis *Apollo 11*, montre la Terre s'élevant au-dessus de l'horizon de la Lune (1969).

OBJECTIF : LUNE

L'idée d'êtres humains arpentant l'espace apparaît dès l'Antiquité. Au IIe siècle, dans son *Histoire véritable*, Lucien de Samosate décrit comment ses personnages sont déposés sur la Lune à la faveur d'une tempête qui emporte leur bateau. En réalité, l'auteur ne souhaite pas parler de science, il cherche plutôt à critiquer ses contemporains qui font passer pour authentiques des histoires invraisemblables sur les pays lointains.

Au début du XVIIe siècle, une nouvelle ère s'ouvre pour l'astronomie avec le développement de la lunette de Galilée qui permet de mieux observer la Lune et les astres. À cette époque, Johannes Kepler – astronome et auteur des lois qui décrivent le mouvement des planètes autour du Soleil – écrit *Le Songe ou l'Astronomie lunaire*, dans lequel son personnage est envoyé sur la Lune par l'entremise de démons. Le caractère fabuleux de l'ouvrage est une manière pour Kepler de trancher subtilement le débat scientifique de l'époque. Observer le mouvement des astres depuis la Lune permet au voyageur de changer de point de vue : il devient alors évident que la Terre tourne autour du Soleil et non l'inverse.

Ces voyages dans l'espace servent également des propos plus politiques. Qu'il s'agisse de *l'Histoire comique des États et Empires de la Lune* (1655) de Cyrano de Bergerac ou du *Micromégas* (1752) de Voltaire, le voyage spatial est une bonne façon de critiquer son propre pays sous couvert de contrées ou de personnages extraterrestres. Ce mécanisme de distanciation sera d'ailleurs un artifice repris ensuite par la littérature de science-fiction.

LA COURSE À L'ESPACE

Le premier scientifique à se poser réellement la question de la faisabilité du voyage spatial est le Russe Konstantin Tsiolkovski, qui théorise le principe de la fusée à réaction à la fin du XIXe siècle. Incapable de réaliser un tel engin, il reste néanmoins convaincu qu'il s'agit de la meilleure solution pour atteindre l'espace. À la manière d'un Jules Verne, il met alors ses idées en scène dans deux romans : *Rêves de la Terre et du Ciel* (1895) et *Au-delà de la Terre* (1920). Il faudra attendre quelques années pour les voir mises en pratique, grâce aux travaux d'Hermann Oberth, de Robert Goddard et de Robert Esnault-Pelterie.

Père intellectuel de Wernher von Braun, l'un des principaux ingénieurs des fusées allemandes V2 pendant la Seconde Guerre mondiale, Oberth officie en tant que conseiller scientifique sur le tournage de *La Femme sur la Lune* de Fritz Lang (1929). Le film reprend à l'identique le concept de sa fusée, le « *modèle E* », et il est si réaliste sur le plan scientifique que le pouvoir nazi interdira sa diffusion de peur que les secrets de la science allemande ne soient dévoilés. Pour des raisons de tension dramatique, Lang choisit de faire un compte à rebours au moment du décollage. L'effet narratif est depuis devenu une coutume à chaque lancement de fusée.

Au cours des dernières années de la guerre, les missiles V2 démontrent le potentiel de l'astronautique allemande. À peine la paix retrouvée, les forces alliées lancent l'opération *Paperclip* pour recruter les scientifiques de l'Allemagne nazie. Pour les États-Unis, il s'agit surtout d'un moyen de délivrer des bombes nucléaires avec un maximum de sécurité, de rapidité et d'efficacité. Côté russe par contre, on comprend que ces fusées peuvent être utilisées pour aller dans l'espace : le 4 octobre 1957, le lancement du satellite *Spoutnik 1* a un retentissement mondial et marque le début de l'ère spatiale. Si l'URSS semble finalement s'intéresser davantage à la performance du lanceur qu'à la finalité de l'objet envoyé, les Américains craignent néanmoins de voir les Soviétiques utiliser un *Spoutnik* pour lâcher des bombes nucléaires depuis l'espace.

Le défi suivant ? Envoyer des êtres humains dans l'espace, non sans avoir réalisé au préalable des tests sur des animaux afin de s'assurer qu'il est possible de survivre au décollage et au séjour en orbite. La chienne russe Laïka devient ainsi le premier être vivant à tenter l'expérience, à bord de *Spoutnik 2*, un mois seulement après le précédent lancement. Malgré sa mort sept heures après le décollage, provoquée par un stress intense et une défaillance du système de refroidissement de la cabine, les Russes sont dès lors convaincus de la faisabilité d'une opération humaine : le 12 avril 1961, Iouri Gagarine devient le premier homme à effectuer un vol dans l'espace.

← Neil Armstrong vérifie son système de communication avant l'embarquement de la mission *Apollo 11*, en juillet 1969.

↑ Recueil d'un échantillon de roche lunaire lors de la deuxième mission d'atterrissage habitée sur la Lune, *Apollo 12*, en novembre 1969.

La guerre froide entraîne alors une course à l'espace frénétique, sans qu'il soit évident de garantir une sécurité optimale aux astronautes. Douze ans seulement après la première mise en orbite de *Spoutnik 1*, le 20 juillet 1969 la mission *Apollo 11* se pose sur la Lune.

LES RAISONS DE RETOURNER SUR LA LUNE

Après cette démonstration de force, la motivation des États-Unis à développer le programme Apollo s'amenuise, à tel point que les missions *Apollo 17* à *20*, initialement planifiées par la NASA, sont finalement annulées. Lancée fin 1972, *Apollo 17* reste donc à ce jour la dernière mission spatiale à avoir déposé des êtres humains sur la Lune.

Quels objectifs pourraient pousser un pays à vouloir y retourner aujourd'hui ? Principalement celui d'y établir une base permanente. La Station spatiale internationale est ce qui s'en approche le plus à l'heure actuelle : construite et maintenue dans l'espace depuis une vingtaine d'années, elle constitue un excellent laboratoire technique pour déterminer la faisabilité et les contraintes techniques d'un projet de déploiement lunaire.

Sur le plan scientifique, une nouvelle expédition lunaire permettrait de poursuivre l'étude des roches commencée avec les précédentes missions et d'effectuer des forages pour sonder l'intérieur de la Lune. Sur le plan technique, une des questions majeures qui se posent est de déterminer s'il serait possible d'exploiter les matériaux lunaires afin de produire du matériel directement sur place. Cela limiterait les importations depuis la Terre, même si la mise en place d'envois réguliers de navires de transport et d'astronautes s'avérerait de toute façon indispensable afin de garantir un fonctionnement optimal de la base. La réussite de l'entreprise tiendrait donc en partie à la sécurité et à la fiabilité des engins spatiaux. Or, les progrès réalisés dans ce domaine au cours des dernières décennies rendent aujourd'hui envisageable la mise en œuvre d'un tel projet.

Plusieurs agences spatiales, comme la NASA ou la CNSA en Chine, ont d'ores et déjà commencé à réfléchir à l'établissement d'une base lunaire. Du côté européen, l'ESA travaille sur le projet *Moon Village*, une base permanente ouverte à tous les pays, et notamment à ceux qui ne peuvent pas aujourd'hui accéder seuls à l'espace : ils trouveraient ainsi leur place au sein d'une telle collaboration internationale.

DE NOMBREUSES CONTRAINTES TECHNIQUES

La première contrainte technique dont il faudra s'affranchir pour s'établir sur la Lune est liée au prix à payer pour envoyer des objets massifs dans l'espace. En effet, plus la masse contenue à l'intérieur de la fusée est importante, plus il faut lui fournir d'énergie pour qu'elle échappe à la gravité terrestre. La meilleure stratégie consiste donc à alléger au maximum la charge utile de l'expédition. Cela peut se faire en n'envoyant que le strict minimum nécessaire au démarrage d'une base lunaire : cette station temporaire serait utilisable pendant quelques années, le temps de récupérer et d'exploiter suffisamment de matériaux lunaires pour construire une base définitive.

Quelle est cette matière première potentiellement exploitable ? Il s'agit du régolite, la couche de fragments de roches et de poussière qui recouvre le sol lunaire. Grâce aux échantillons ramenés par les précédentes missions, les scientifiques cherchent à comprendre au mieux ses propriétés mécaniques et chimiques afin de concevoir un « béton lunaire » qui servira à construire des structures pérennes. Le processus n'a cependant rien d'évident, car le béton terrestre nécessite de l'eau et du ciment, deux ingrédients qui n'existent pas sur la Lune. L'ESA, l'Agence spatiale européenne, envisage même d'utiliser l'impression 3D afin de fabriquer des éléments de structure à partir de ce béton lunaire.

De plus, il est probable que cette base sera composée de structures relativement légères, semi-enterrées et recouvertes de matériaux lunaires. En effet, contrairement à notre planète,

LA STATION SPATIALE INTERNATIONALE

Construite à partir de 1998, la Station spatiale internationale (ISS en anglais) est une station située en orbite basse autour de la Terre, à environ 400 kilomètres d'altitude. Elle est le fruit de la collaboration de 5 agences spatiales : américaine, russe, européenne, canadienne et japonaise. L'ISS permet de réaliser des expériences scientifiques en faible gravité, notamment pour étudier l'évolution de la physiologie humaine en vue de longs voyages spatiaux. L'équipage de la station est en permanence constitué de 6 personnes qui effectuent chacune un séjour d'environ 6 mois à bord afin d'éviter tout problème physiologique. L'ISS reste toutefois critiquée aujourd'hui pour son coût important et son intérêt scientifique parfois jugé trop faible en comparaison des sondes d'exploration du système solaire, bien moins onéreuses.

↑ Vue d'artiste de l'ISS passant au-dessus de la Floride (1998).

la Lune ne dispose pas d'une atmosphère et d'un champ magnétique en mesure de la protéger des rayonnements de haute énergie qui sillonnent l'espace. Enterrer une partie de la base et la recouvrir de plusieurs couches de protection serait donc un bon moyen de réduire l'exposition de ses habitants aux rayonnements cosmiques.

LA VIE À BORD DE LA BASE

À l'intérieur de la station lunaire, la vie devra être la plus confortable et la plus normale possible. En l'absence d'atmosphère extérieure, l'accès à la base se fera grâce à un sas de pressurisation afin que les occupants puissent enlever leur combinaison. Contrairement à l'ISS, où la faible pesanteur permet aux astronautes de flotter et où la notion de haut ou de bas ne signifie plus grand-chose (ce qui autorise l'installation d'équipements sur tous les murs, y compris au « plafond »), sur la Lune, la situation est différente. Même si la gravité y est six fois moins importante que sur Terre et en l'absence de possibilité, sur une base au sol, d'instaurer une gravité artificielle, l'organisation de la station lunaire devra se rapprocher de celle d'une base terrestre.

Par ailleurs, il faudra pouvoir disposer d'oxygène afin de respirer librement. L'expérience acquise avec le fonctionnement de l'ISS se révèle à ce titre essentielle et une base lunaire pourrait tout à fait utiliser la même méthode

de production d'oxygène. Celle-ci consiste en l'occurrence à recycler le dioxyde de carbone expiré par les astronautes grâce à la réaction de Sabatier – du nom de son auteur, le chimiste Paul Sabatier. En faisant réagir ce dioxyde de carbone avec de l'hydrogène, on produit du méthane – utilisable comme combustible, tel du gaz de ville – et de l'eau – consommée dans l'alimentation ou retransformée par électrolyse. L'avantage de cette dernière étape est double : elle produit non seulement l'oxygène attendu, mais aussi de l'hydrogène qu'on peut réutiliser pour la réaction initiale. Par conséquent, il suffirait d'emporter simplement une petite quantité d'hydrogène depuis la Terre pour amorcer la machine et le reste serait produit par la réaction elle-même. De surcroît, parce qu'il occupe moins de place de stockage, l'hydrogène s'avère

← Une caméra du satellite *DSCOVR* a capturé la face « cachée » de la Lune alors qu'elle se déplaçait entre le Soleil et la Terre (2015).

plus intéressant à transporter que l'oxygène. La réaction de Sabatier possède toutefois des inconvénients : il faut employer un catalyseur particulier qui devrait être apporté de la Terre et il faut aussi disposer d'une source d'énergie. Enfin, concernant la nourriture, comme dans l'ISS il faudrait faire du stock – du moins dans un premier temps, en espérant qu'à terme il soit possible de faire pousser des aliments directement sur place.

Dernière question : comment établir une liaison permanente entre la Terre et la Lune ? Si les agences spatiales endosseront le coût et les risques de l'établissement de la base lunaire, il est possible que la gestion de cette logistique d'approvisionnement soit déléguée à des acteurs privés, comme les sociétés SpaceX d'Elon Musk ou Blue Origin de Jeff Bezos, le fondateur d'Amazon. Celles-ci tentent depuis quelques années de se positionner comme des acteurs de confiance pour l'industrie spatiale.

LE CHOIX DU SITE D'IMPLANTATION

La localisation de la base lunaire sera un point capital pour la réussite du projet. Premier critère : la facilité à trouver de l'eau à proximité. Si la Lune n'en possède pas sous forme liquide, son régolite peut parfois en contenir à l'état solide – c'est notamment le cas au niveau des pôles. Implanter une base à une distance de ces ressources accessible en véhicule permettrait de les exploiter plus facilement.

L'ensoleillement sera également un paramètre important, car les panneaux solaires sont en général utilisés comme source d'énergie pour les sondes spatiales. Faudra-t-il alors se poser au centre de la face visible de notre satellite, comme Tintin dans *On a marché sur la Lune* ? Un tel emplacement présenterait en outre l'avantage de faciliter les communications avec la Terre puisque la base serait toujours visible

LES RAYONS COSMIQUES

La dénomination « rayons cosmiques » désigne toute une variété de particules subatomiques très énergétiques provenant du milieu interstellaire. Il s'agit principalement de noyaux d'hydrogène, mais on trouve également des noyaux d'hélium, voire d'éléments chimiques plus lourds. Plusieurs milliards de ces particules bombardent la Terre chaque jour. Ce rayonnement a été découvert au début du XXe siècle, notamment par le physicien autrichien Victor Hess qui a observé, au cours d'un vol en montgolfière, que l'atmosphère terrestre était plus ionisée en altitude qu'à la surface. Il en a déduit alors qu'un rayonnement puissant arrivait directement de l'espace. Lorsque ce flux de particules touche la Terre, il entre en collision avec les molécules présentes dans l'atmosphère et génère une gerbe de particules secondaires. Dans l'espace, au contraire, il n'existe pas de bouclier naturel pour freiner ou dévier ces particules. Une exposition à ces radiations sans moyen de protection adapté s'avérerait désastreuse pour la santé des voyageurs spatiaux et pour les équipements électroniques. On a ainsi découvert *a posteriori* que les troubles visuels lumineux subis par les astronautes des missions lunaires étaient dus au passage de rayons cosmiques à travers leurs yeux.

depuis notre planète. Du point de vue solaire, pourtant, ce n'est pas forcément si intéressant. Le jour lunaire dure 27 jours terrestres et il fait donc nuit pendant 14 jours, ce qui ne faciliterait pas la gestion des batteries solaires.

Sur Terre, l'efficacité des panneaux solaires diminue lorsque le Soleil est à l'horizon, car l'atmosphère terrestre diffuse une fraction considérable de son rayonnement. Sur la Lune, peu importe la position de notre étoile dans le ciel : en l'absence d'atmosphère, les panneaux solaires capteront la même quantité de rayonnement tant qu'ils restent perpendiculaires à ses rayons. Le revers de la médaille est que la base lunaire devra être bien isolée thermiquement pour éviter que la température interne ne grimpe trop et limiter les déperditions d'énergie à travers les parois.

Ces considérations techniques de fabrication et de survie, qui guideront le choix de l'emplacement de la base, auront aussi un impact sur le travail scientifique. Les chercheurs ne seront pas en mesure d'explorer toute la surface lunaire, car ils resteront limités par l'autonomie de déplacement des véhicules. Toutefois, des drones à propulsion pourront couvrir un plus large périmètre de quelques dizaines de kilomètres autour de la base et fournir des observations et des échantillons géologiques intéressants.

À terme, l'ambition sera probablement de manufacturer un maximum d'éléments sur place. Il sera alors envisageable d'expédier des sondes au départ de la Lune, d'autant plus facilement que sa vitesse de libération (voir p. 48) est plus faible que celle de la Terre.

UNE ALTERNATIVE : LA BASE ORBITALE

À défaut d'établir une base à la surface, pourrait-on envisager une station orbitale, moins coûteuse à déployer et avec un fonctionnement similaire à l'ISS ? Il ne serait pas tellement plus compliqué de partir de la Terre pour aller sur une station orbitale que pour monter à bord de

← Au Kennedy Space Center de la NASA en Floride, lancement de la fusée *Space X Falcon 9* vers l'ISS. A bord : deux astronautes et le vaisseau *Crew Dragon* le 30 mai 2020.

l'ISS, à un détail près : le voyage étant plus long, il comporte plus de risques.

Une telle station s'avérerait donc moins coûteuse qu'une installation en surface tout en permettant aux astronautes d'accéder régulièrement à la Lune. Avec un avantage important : pouvoir descendre et remonter en n'importe quel endroit de la Lune et être donc moins limité dans ses capacités d'exploration. Il faudrait toutefois disposer d'un véhicule adéquat, comme le LEM (*Lunar Excursion Module* ou module d'excursion lunaire) utilisé par les astronautes des missions *Apollo*, permettant d'aller et venir à la surface. Pertinente sur le plan scientifique, cette alternative pourrait même constituer une première étape avant le développement, plus ambitieux, d'une réelle base lunaire à la surface du satellite.

BILAN : UNE BASE LUNAIRE À QUEL HORIZON ?

Le déploiement d'une station sur la Lune est un projet de bien plus grande ampleur que l'ISS et nécessitera une collaboration internationale, tant le coût financier d'une telle opération est élevé. Les obstacles sont moins techniques que politiques et économiques. La technologie existe, ou pourrait probablement être développée d'ici quelques dizaines d'années. En revanche, pour que le projet se concrétise, il faudrait que les agendas des diverses parties prenantes convergent et montrent une ambition conjointe de mise en œuvre, d'autant que la maintenance d'une base lunaire demandera une logistique et des financements récurrents. Difficile donc de prédire aujourd'hui quand cela se fera.

En attendant que tous ces voyants soient au vert, les scientifiques continuent à réfléchir et à concevoir les meilleures solutions, pour être certains d'être opérationnels le jour J.

ÉTABLIR UNE BASE MARTIENNE

Après la Lune, Mars ! La planète rouge apparaît naturellement comme la suivante dans la liste des astres sur lesquels établir une base spatiale. Malgré l'engouement général qui l'entoure, ce projet demeure une idée moins avancée et plus complexe à mettre en œuvre qu'une base lunaire. Et la première raison est directement liée à la distance qui nous sépare de Mars : plusieurs dizaines de millions de kilomètres.

→ Vue sur Mars du cratère Endeavour, en fin d'après-midi, par *MRO* (2012).

UN VOYAGE ÉPROUVANT POUR L'HOMME

Avec une telle distance à parcourir, le voyage sera donc bien plus long que pour aller sur la Lune : 6 mois minimum contre 3 jours. Or, plus la durée passée dans l'espace est grande, plus les conséquences physiologiques sur l'homme sont importantes, notamment en termes de déperdition musculaire et d'influence des rayons cosmiques. Paradoxalement, il y a probablement moins d'impact sur la santé à effectuer un aller-retour de 3 jours vers la Lune que de passer plusieurs mois en apesanteur sur l'ISS, comme l'a fait l'astronaute français Thomas Pesquet.

Mais passons outre… Imaginons que le voyage soit le moins traumatisant possible pour la santé des astronautes puisqu'à leur arrivée, ils ne pourront compter sur personne d'autre qu'eux-mêmes. Une fois sur Mars, la première chose à faire sera déjà de parvenir à s'extraire seul du vaisseau. Quand on voit les difficultés rencontrées par les astronautes de retour de l'ISS, incapables d'ouvrir eux-mêmes la porte de leur capsule, on comprend que cette étape n'a déjà rien d'évident. Ensuite, il leur faudra s'habituer à la gravité martienne, qui ne fait que 38 % de la gravité terrestre. Comment limiter ce problème d'adaptation du corps humain ? Un bon moyen serait d'équiper le vaisseau d'un système de gravité artificielle. Le principe, connu depuis longtemps et fréquemment utilisé dans les récits de science-fiction, comme dans les films *2001, l'Odyssée de l'espace* (Stanley Kubrick, 1968) ou *Interstellar*, consiste à mettre en rotation le vaisseau autour d'un axe central et à exploiter la force centrifuge générée par ce mouvement. En plaquant les pieds des astronautes contre la paroi, cette force produit un effet similaire à la gravité ressentie par un corps à la surface de la Terre. Enfin, le vaisseau aura intérêt à posséder un fort blindage, car il sera continûment bombardé de rayons cosmiques, bien plus intensément que lors d'un simple séjour sur l'ISS ou d'un trajet Terre-Lune.

Mais puisqu'il n'a fallu que 10 ans pour aller sur la Lune, comment expliquer que nous

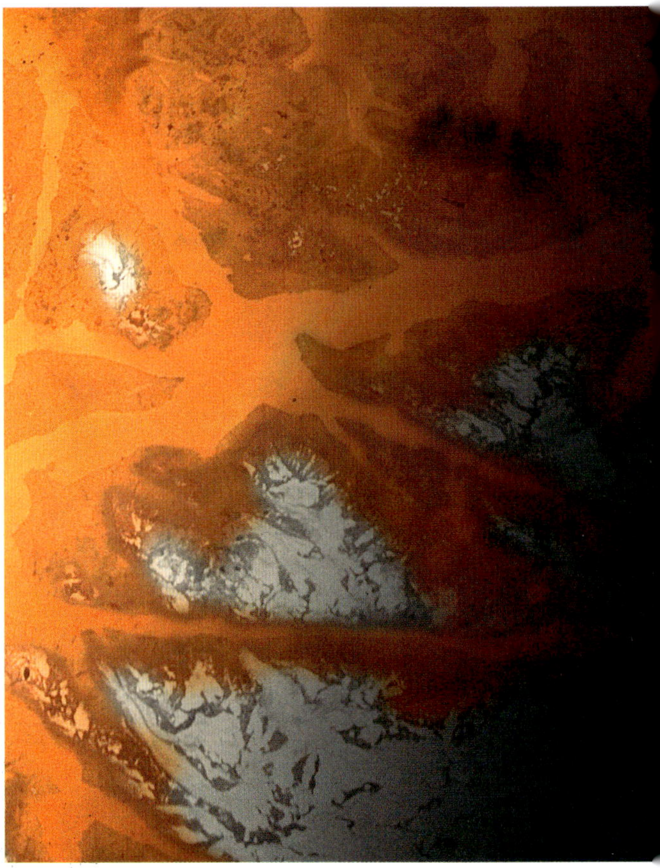

n'ayons pas encore réussi à aller sur Mars 40 ans après ? Principalement parce que la tâche est beaucoup plus difficile à accomplir. En envisageant un séjour martien d'une année sur place, compte tenu des 6 mois minimum de trajet, les astronautes se retrouveraient dans l'espace pendant pas moins de 2 ans. Si, au niveau de la durée, les 6 mois de trajet confiné à bord du vaisseau paraissent semblables à ce que peuvent vivre humainement et psychologiquement les personnes à l'intérieur des stations de l'Antarctique par exemple, la réalité est bien différente. En effet, en Antarctique, il n'y a aucune difficulté à trouver de l'air et de l'eau, deux denrées rares quand on est dans l'espace.

Il faudra donc partir avec un maximum de matériel et de vivres. Étant donné le délai pour faire demi-tour et rentrer sur Terre, tout devra

↑ Vue d'artiste de *MRO* en orbite autour de l'astre rouge (2005).

être anticipé afin qu'aucun problème majeur ne survienne. Il est certain qu'une partie de la charge utile devra être envoyée à l'avance : il sera en effet énergétiquement trop coûteux de vouloir tout envoyer en une seule fois. De plus, tout ce qui pourra être pré-installé par les robots des missions précédentes sera bénéfique pour les astronautes, car ceux-ci auront déjà fort à faire à leur arrivée pour récupérer la perte musculaire du trajet : l'exercice pendant le vol sera possible, mais loin d'être suffisant. Ici encore, l'expérience de l'ISS parle : malgré les 2 heures de sport quotidiennes imposées aux astronautes à bord, l'impact sur leurs capacités physiques est réel lorsqu'ils reviennent sur la terre ferme.

LE CHOIX DE L'ÉQUIPAGE

Au-delà des problèmes techniques se pose la question des personnes à envoyer sur une expédition aussi longue. Sur quels critères les sélectionner ? Les compétences joueront naturellement un rôle primordial pour garantir que chaque membre d'équipage est polyvalent, hautement éduqué et entraîné. Néanmoins, sur une mission aussi longue, il sera difficile d'ignorer la question de la sexualité, tant son influence pourra être soit bénéfique soit préjudiciable au bien-être de l'équipage. Pour autant, la question demeure encore taboue du moins publiquement, car elle est très certainement étudiée au sein des agences spatiales.

Il existe enfin un troisième critère, tout aussi primordial : garantir l'absence de dissension au sein du groupe. Des expériences ont été menées sur Terre pour tenter de reproduire les conditions d'une mission martienne et étudier l'évolution des relations au sein de l'équipage. Ainsi, l'expérience Mars500, menée entre 2009 et 2011, a mis à l'isolement deux groupes d'astronautes dans des installations terrestres censées simuler la vie à bord du vaisseau et sur la base, et ce respectivement pendant 105 et 520 jours. Ce type de dispositif conserve toutefois un biais important : les personnes participantes savent qu'elles vont sortir un jour ou l'autre et revenir à leur vie normale. Elles sont donc potentiellement plus enclines à supporter des frictions ou des contraintes qu'elles n'accepteraient peut-être pas dans les conditions réelles d'un voyage interplanétaire.

LES STRATÉGIES D'EXPLORATION

Compte tenu de l'éloignement avec la Terre qui limite les capacités d'allers-retours réguliers, l'activité sur Mars devrait donc relever davantage de la recherche scientifique que de l'établissement d'une industrie technique. Toutefois, il sera indispensable de disposer sur place de compétences manufacturières afin de

DEUX SCÉNARIOS DE VOYAGE

La navigation spatiale est un art de précision : partir d'une planète en mouvement pour aller se poser sur une autre planète en mouvement avant de revenir à son point de départ n'a rien d'évident. Heureusement, la fiabilité des lois de la gravitation permet de calculer précisément les orbites de tous ces astres et d'étudier les meilleurs moyens d'effectuer un trajet spatial.
Pour Mars, deux scénarios se détachent. Tout d'abord, le scénario dit *d'opposition*. D'une durée totale de 640 jours, il comprend un voyage aller de 180 jours au moment où les positions des planètes sont optimales, puis un séjour sur Mars de 30 jours avant un retour compliqué de 430 jours. Le retour sur Terre s'avère en effet plus difficile, car les planètes ne sont pas dans des positions favorables. Il faut utiliser l'assistance gravitationnelle de Vénus pour se faire catapulter, telle une fronde, vers la Terre.
Le second scénario, dit de *conjonction*, dure 910 jours. Pas de changement pour le voyage aller : on attend toujours le bon moment pour minimiser l'énergie dépensée et effectuer un voyage de 180 jours. Par contre, le séjour est considérablement allongé pour atteindre 550 jours, ce qui permet un voyage retour rapide de 180 jours sur une trajectoire analogue à celle de l'aller.

pouvoir fabriquer ce dont l'équipage a besoin. Ces compétences auront d'ailleurs probablement été acquises grâce à des explorations lunaires.

L'inconvénient de Mars, c'est son immensité. Non pas que la planète soit grosse – elle est deux fois plus petite que la nôtre –, mais sa surface dépourvue d'océans équivaut tout de même à l'intégralité de nos continents terrestres. Il y a donc beaucoup à explorer, et implanter une base à un seul endroit ne sera pas suffisant. Néanmoins, la perspective de bénéficier d'une expertise humaine sur le terrain, supérieure à celle des robots, donne tout son intérêt à l'opération. Ainsi, les scientifiques disposeront d'une moisson importante de renseignements géologiques, quand bien même les déplacements resteront limités à de faibles distances. Les astromobiles martiennes n'ont parcouru qu'une quarantaine de kilomètres, mais cette même distance effectuée par un humain livrera probablement bien plus d'informations sur l'évolution de la planète au niveau géologique, voire biochimique.

Faudra-t-il absolument être posé à la surface de Mars pour réaliser cela ? Une autre solution sera d'envoyer des astronautes dans une station orbitale autour de Mars afin de téléguider des rovers au sol. En effet, il sera beaucoup plus efficace de piloter des véhicules depuis l'orbite martienne que depuis la Terre, à cause du temps de trajet des communications radio – quelques millisecondes contre plusieurs minutes. Sans compter qu'il sera moins dangereux pour les humains de rester en orbite plutôt que de chercher à descendre à la surface.

Les motivations scientifiques pour la Lune et pour Mars sont radicalement différentes. Du côté de notre satellite naturel, l'intérêt est principalement géologique, lié notamment à la compréhension de la formation de la Lune et de la Terre et de leur interaction mutuelle. Pour Mars, en revanche, la présence passée d'eau en surface interdit d'ignorer l'enjeu que représente la découverte de traces de vie passée. Au final, les perspectives scientifiques de l'exploration martienne s'avèrent donc bien supérieures à celles de l'exploration lunaire.

→ Lors de *Mars 2020*, ce bouclier thermique (à g.) et cette coque arrière (à dr.) devraient protéger le rover dans sa croisière spatiale et lors de sa descente à travers l'atmosphère brûlante de l'astre.

REPARTIR DE MARS

Atterrir sur la Lune (alunir) se fait relativement sans heurts : l'absence d'atmosphère, si elle ne permet pas de freiner le vaisseau, évite de devoir utiliser un bouclier thermique. Et comme la gravité est faible sur notre satellite naturel, il est possible de ralentir la descente uniquement grâce aux rétrofusées du vaisseau. À l'inverse, une rentrée sur Terre s'avère compliquée : il faut arriver avec le bon angle si l'on ne veut pas rebondir sur l'atmosphère ou finir carbonisé, mais une fois la bonne trajectoire adoptée, les frottements ralentissent suffisamment le vaisseau pour qu'un parachute puisse le poser en douceur.

Malheureusement, la planète Mars se situe entre ces deux cas de figure, tout en en cumulant les inconvénients. Même ténue, l'atmosphère martienne joue un rôle et la trajectoire d'entrée sur la planète doit respecter un angle précis. Sachant en outre que sa faible épaisseur ne procure pas une décélération suffisante, le vaisseau devra donc également se freiner au moyen de ses rétrofusées.

En revanche, la faible gravité martienne facilitera le redécollage puisqu'à tonnage équivalent, il faudra dépenser moins d'énergie que sur Terre pour s'arracher à la planète et repartir dans l'espace.

BILAN : UNE MISSION HABITÉE SUR MARS D'ICI LA FIN DU SIÈCLE ?

La mise en œuvre d'une mission habitée nécessitera de satisfaire un ensemble de prérequis. Tout d'abord, il faudra *a minima* maîtriser l'espace proche, soit entre la Terre et la Lune. Les briques élémentaires permettant d'établir une base martienne sont essentiellement les mêmes que pour une base lunaire. Par conséquent, l'établissement d'une station sur la Lune garantira déjà que ces problématiques technologiques sont parfaitement contrôlées.

La deuxième condition indispensable sera de disposer d'une grande quantité d'énergie dans l'espace. À l'heure actuelle, les panneaux solaires ne peuvent fournir suffisamment de puissance. La solution qui semble inévitable aujourd'hui sera de se rabattre sur une source d'énergie nucléaire, avec toutes les problématiques que cela soulève.

VOYAGER VERS LES ÉTOILES ?

Si les êtres humains n'ont pas encore arpenté le cosmos, de nombreuses sondes interplanétaires y ont été envoyées. Et certaines ont même atteint les confins du système solaire, comme les deux sondes *Voyager*. Leur mission initiale était d'observer Jupiter et Saturne, mais elles ont finalement continué leur chemin bien au-delà, en direction du milieu interstellaire. Lancées en 1977, ces sondes sont à l'heure actuelle les objets humains les plus lointains de la Terre jamais envoyés.

→ Cette image composite, issue de l'observatoire aux rayons X *Chandra* et de *Spitzer*, montre l'un des nuages d'étoiles en formation (Cepheus B), dans notre galaxie.

CHOISIR LE BON SYSTÈME DE PROPULSION

En dehors de la vitesse acquise lors du lancement et de l'assistance gravitationnelle des planètes géantes, les sondes *Voyager* n'ont bénéficié d'aucune propulsion autonome. À l'heure actuelle, elles ont atteint leur vitesse finale de 15 kilomètres par seconde. À ce rythme, il leur faudrait tout de même 75 000 ans pour atteindre l'étoile la plus proche, si elles s'y dirigeaient. Le critère déterminant pour tout voyage spatial reste l'énergie disponible. Or les panneaux solaires, utiles à proximité du Soleil, reçoivent un flux lumineux de plus en plus faible au fur et à mesure que l'on s'en éloigne. C'est pour cette raison qu'il est préférable de disposer d'une source d'énergie interne pour alimenter les instruments de bord. Les sondes *Voyager* possèdent un générateur thermoélectrique à radio-isotope (GTR), qui contient un bloc de plutonium dont la chaleur libérée par radioactivité est transformée en courant électrique. Au fil des années, son efficacité diminue mais sa puissance est encore suffisante pour permettre d'envoyer des informations vers la Terre.

Quelle serait l'énergie nécessaire pour aller jusqu'à Alpha du Centaure ? Un hypothétique vaisseau allant à la vitesse de la lumière mettrait plus de 4 ans à y arriver. Pour un trajet plus réaliste d'une cinquantaine d'années, il faudrait se déplacer à environ un dixième de la vitesse de la lumière – soit mille fois plus que les 30 kilomètres par seconde qu'atteignent les sondes récentes en l'absence de propulsion autonome.

Pour explorer un nouveau système stellaire, le vaisseau aura besoin d'emporter des sondes d'exploration, une source d'énergie autonome – GTR ou réacteur nucléaire – et une antenne de communication radio. L'énergie de mouvement, également appelée « énergie cinétique », que devrait déployer le moteur d'un vaisseau avec une telle charge utile serait équivalente à l'énergie que consomme toute l'humanité en une année, ce qui pose la question du système de propulsion.

Si la propulsion chimique des fusées actuelles fournit une très grande poussée, elle consomme énormément de carburant en très peu de temps, ce qui la discrédite pour de longs vols spatiaux. La propulsion ionique consiste à accélérer des particules chargées avant de les éjecter à très grande vitesse. Sachant qu'une faible quantité de matière est éjectée chaque seconde, la poussée obtenue est modeste, mais continue. Cette technologie est déjà utilisée, notamment par la sonde *Dawn* qui a exploré les deux plus grands astéroïdes, Cérès et Vesta. Ce type de moteur pose néanmoins deux problèmes. D'une part, il faut emporter tout le gaz de propulsion avec soi, en général un gaz rare comme du xénon. D'autre part, il faut de l'énergie pour alimenter ce moteur. Si la sonde *Dawn* utilise des panneaux solaires, dans le cas d'un vaisseau habité interplanétaire, et à plus forte raison interstellaire, il faudra pouvoir disposer d'une source plus puissante.

Contrairement à un voyage vers Mars, la fission nucléaire paraît plus difficile à envisager dans le cas d'une propulsion interstellaire. Il faudrait non seulement embarquer tout le réactif mais aussi être capable de changer régulièrement le cœur du réacteur nucléaire. En effet, tels qu'ils sont conçus actuellement, ces cœurs ont une durée de vie de 18 mois seulement. L'unique réacteur capable de fournir une source d'énergie suffisamment concentrée et abondante pour garantir la propulsion nécessaire serait un réacteur à fusion nucléaire, mais cette technologie est loin d'être maîtrisée. L'expérience ITER (*International Thermonuclear Experimental Reactor*), censée en démontrer les capacités pour une utilisation industrielle, n'est encore qu'en phase de construction à Cadarache, dans le sud de la France.

S'il faut une grande quantité d'énergie pour accélérer et se mouvoir, il faut en outre être capable de freiner à l'arrivée. Il faudra donc disposer soit d'un moteur que l'on pourra allumer ou éteindre à volonté, soit de deux moteurs opérant en sens inverse, le second agissant comme une rétrofusée.

DES DISTANCES CONSIDÉRABLES

En raison de l'immensité du système solaire, les distances sont souvent converties en unités astronomiques (UA). Une UA correspond à la distance Terre-Soleil, soit environ 150 millions de kilomètres.

	TYPE	DISTANCE MINIMALE DE LA TERRE	TEMPS MIS PAR LA LUMIÈRE POUR PARCOURIR CETTE DISTANCE
LUNE **SATELLITE NATUREL DE LA TERRE**	**Objet céleste**	**356 000 km (0,002 UA)**	**1,2 seconde**
MARS **4e PLANÈTE DU SYSTÈME SOLAIRE**	**Planète rocheuse**	**56 millions de km (0,37 UA)**	**3 minutes et 5 secondes**
NEPTUNE **8e ET DERNIÈRE PLANÈTE DU SYSTÈME SOLAIRE**	**Planète gazeuse**	**4 350 millions de km (29 UA)**	**4 heures**
CEINTURE DE KUIPER	**Regroupement d'astres et de planètes naines (dont Pluton)**	**Entre 30 et 55 UA**	**Entre 4 et 8 heures**
SONDES *VOYAGER*	**Sondes spatiales**	**Entre 120 UA *(Voyager 2)* et 140 UA *(Voyager 1)***	**Entre 17 et 19 heures**
NUAGE DE OORT	**Petits astres glacés dont l'orbite autour du Soleil est parfois déstabilisée par l'influence d'une autre étoile, les déviant vers le cœur du système solaire pour devenir des comètes qui ne passeront qu'une fois près du Soleil**	**20 000 UA**	**116 jours**
ALPHA DU CENTAURE **SYSTÈME STELLAIRE LE PLUS PROCHE DU SYSTÈME SOLAIRE**	**Système à 3 étoiles et au moins 1 planète**	**Environ 275 000 UA**	**Environ 4 ans et demi**

Cygnus

← Le cargo *Cygnus* comporte des propulseurs d'une grande puissance électrique grâce à 2 panneaux solaires. Il contribue au ravitaillement de l'ISS en transportant plus de 4 tonnes de matériel (ici en 2019).

DÉFINIR LES LIMITES DU SYSTÈME SOLAIRE

Il est difficile de parler de « la » frontière séparant le système solaire du reste du cosmos, car cette définition dépend de ce que l'on regarde. La première limite atteinte est l'héliopause. Il s'agit de la surface délimitant l'héliosphère, une zone en forme de bulle gonflée par le vent solaire, ce flux de particules émises par notre étoile. L'héliopause marque la transition entre un milieu intérieur dominé par la composition du vent solaire vers un milieu extérieur dominé par la composition de l'espace interstellaire.

Mais il existe une seconde limite qui caractérise la zone d'influence gravitationnelle du Soleil, c'est-à-dire la région de l'espace où l'attraction de notre étoile reste prédominante devant celle des étoiles proches. Beaucoup plus éloignée, on estime que cette seconde limite est située à plus de 100 000 UA, au niveau du bord extérieur du nuage de Oort, reliquat de la nébuleuse protosolaire à partir de laquelle le système solaire s'est formé.

LA VOILE SOLAIRE ET LE PROJET *BREAKTHROUGH STARSHOT*

Afin de résoudre ces problèmes, plusieurs projets de recherche tentent de proposer de nouvelles technologies de propulsion. Le concept de la voile solaire exploite la pression de radiation, c'est-à-dire la pression exercée par la lumière lorsque les photons frappent une surface. Celle-ci reste toutefois extrêmement faible : hors atmosphère, la pression subie par une surface de miroirs de 1 kilomètre carré équivaut à un poids de 1 kilogramme. Cependant, si la masse du vaisseau est très faible, de l'ordre de quelques grammes, il devient envisageable, en théorie, de le propulser à un dixième de la vitesse de la lumière.

Lancé début 2016 par le milliardaire russe Iouri Milner avec l'appui de scientifiques renommés comme Stephen Hawking, le projet *Breakthrough Starshot* envisage de propulser un tel engin spatial en tirant, depuis la Terre, un faisceau laser plus puissant et plus concentré que la lumière du Soleil. Des problèmes pratiques se posent néanmoins. Il faut notamment un laser d'une puissance de 100 gigawatts, soit la puissance de cent réacteurs nucléaires. Et ce laser devra émettre une impulsion continue de plusieurs minutes à travers l'atmosphère. Une fois la sonde accélérée et lancée sur sa trajectoire, elle arrivera rapidement hors de portée du laser et continuera dans cette direction selon un vol balistique, c'est-à-dire sans propulsion active.

Que faire ensuite ? Pour atteindre Alpha du Centaure, encore faut-il bien viser. Or, les étoiles ne sont pas immobiles dans le cosmos et il faut prévoir où la cible se trouvera dans 50 ans. Il en est déjà de même pour la Lune : on ne la vise pas directement mais on tire un peu à côté pour que, le temps d'arriver, elle se soit déplacée au bon endroit. Pour Alpha du Centaure, la précision du tir est autrement plus délicate en raison de la distance. À moins d'un miracle, il est difficile de concevoir comment parvenir à se passer d'un système auxiliaire permettant de manœuvrer la sonde, ce qui augmentera incontestablement la masse du dispositif. Et si l'on veut recevoir des informations scientifiquement pertinentes en provenance de ce nouveau système stellaire, la sonde doit embarquer un minimum d'équipements, rajoutant là aussi à la masse totale. Enfin, compte tenu de l'éloignement, la sonde devra disposer d'une puissance suffisante pour que son signal radio reste détectable.

Difficile par conséquent de faire tenir tout cela dans une sonde spatiale de quelques grammes. Si l'intérêt d'envoyer une voile solaire vers Alpha du Centaure paraît discutable dans l'immédiat, cela constituerait en revanche, au sein du système solaire, un test intéressant de nouvelle propulsion.

LA GRAVITATION ARTIFICIELLE

Déjà utile pour Mars, un système de gravitation artificielle devient indispensable pour des voyages interstellaires habités. Une telle technologie n'a pourtant encore jamais été testée en situation réelle. En 2011, la NASA a imaginé *Nautilus X*, un véhicule disposant d'un habitacle en rotation, mais le projet en est resté au stade du prototype. L'agence américaine a également envisagé un temps d'installer un prototype dans l'ISS, à la fois pour vérifier la faisabilité d'un tel système et pour permettre aux astronautes de dormir en gravité artificielle.

Les aspects théoriques du fonctionnement de ces systèmes sont solides et ne posent aucun problème conceptuel. S'ils n'ont pas encore été mis en pratique, c'est donc soit parce qu'ils ne sont pas aussi simples à implémenter, soit parce qu'ils ne sont pas encore ressentis comme absolument indispensables dans le contexte actuel des missions habitées.

Un vaisseau en rotation est-il le seul moyen pour générer une gravité artificielle ? Pas selon le principe d'équivalence, fondement de la théorie de la relativité générale. Selon ce principe, il y a équivalence localement entre gravité et accélération. Autrement dit, si l'on se trouve dans une pièce fermée sans voir l'extérieur et que l'on ressent son poids, il n'y a aucun moyen de dire si l'on se trouve sur Terre ou dans un vaisseau dont l'accélération est exactement égale à 1 g – où *g* désigne la valeur de la gravité terrestre. Pourrait-on alors imaginer un vaisseau en accélération constante dans lequel les astronautes ressentiraient une gravité artificielle ? En pratique, une accélération de 1 g est très difficile à obtenir, car il faut éjecter de la matière en quantité et à une vitesse suffisantes. Par ailleurs, il serait compliqué de maintenir cette accélération constante, car cela nécessiterait une énergie prodigieuse. Un système de vaisseau en rotation reste donc beaucoup plus simple.

← Illustration de Rick Guidice (1976) de la sphère de Bernal, un modèle d'habitat à long terme (le quartier résidentiel se trouve dans la sphère centrale).

DE LA SF À LA RÉALITÉ

De nombreux films et romans de science-fiction dépeignent des vaisseaux aux performances et au réalisme divers. Une source d'inspiration pour le vaisseau qui emmènera l'humanité au-delà du système solaire ?

Dans le film *Avatar* de James Cameron (2009), le vaisseau interstellaire *Venture Star* effectue le voyage de la Terre vers Pandora, située dans le système d'Alpha du Centaure, en un peu moins de 6 ans. En premier lieu, cela implique un vaisseau capable de se déplacer à une vitesse impressionnante, égale à deux tiers de la vitesse de la lumière. Et même avec de telles capacités, le *Venture Star* génère sa gravité artificielle par une roue en rotation. Hors de notre portée technique actuelle, le *Venture Star* n'en demeure pas moins un vaisseau crédible et cohérent sur le plan scientifique.

Le vaisseau de *2001, l'Odyssée de l'espace*, est un long bâtiment équipé d'une sphère à l'avant. Contrairement au *Venture Star* où les haltères en rotation sont bien visibles, c'est ici l'intérieur de cette sphère qui tourne pour recréer la gravité. La longueur du vaisseau permet de localiser le réacteur nucléaire loin des zones d'habitation, limitant le danger pour l'équipage. Cette architecture d'un réacteur éloigné a par ailleurs été reprise dans *Seul sur Mars* de Ridley Scott (2015). Ces vaisseaux pourraient tout à fait être adaptés au voyage interstellaire, à condition que leurs dimensions soient plus proches de celles du *Venture Star*. Sur ce dernier, le bloc énergétique contenant les moteurs est énorme en comparaison des blocs de vie de l'équipage : c'est *a priori* ce type de proportions qu'un vaisseau réel devrait posséder. Inversement, s'il dispose bien d'une roue en rotation, le vaisseau d'*Interstellar* ne semble pas être doté de la capacité énergétique suffisante pour garantir un voyage rapide vers Saturne.

L'EMDRIVE : FAUX ESPOIR ?

L'EmDrive (*Electromagnetic Drive*), ou propulseur à cavité résonante électromagnétique asymétrique, est un prototype de moteur proposé au début des années 2000 par l'ingénieur britannique Roger Shawyer. Il consiste à envoyer des micro-ondes dans une cavité asymétrique fermée. Selon Shawyer, la forme particulière de la cavité va générer une poussée dans un sens et donc, en réaction, un mouvement dans l'autre sens.
Le problème du fonctionnement de l'EmDrive, c'est qu'il viole un principe fondamental de la physique : la conservation de la quantité de mouvement. C'est cette loi qui est à l'œuvre pour le décollage des fusées : l'éjection à grande vitesse vers le bas du pas de tir propulse la fusée vers le haut. Naturellement, si l'on choisit de percer une face de la cavité de l'EmDrive, la lumière sortant par ce trou exercera une force de poussée – extrêmement faible – et mettra en mouvement le moteur. Mais dès lors que rien ne peut sortir de la cavité, les lois de la mécanique stipulent que rien ne peut bouger.
La faible poussée observée lors des tests de l'EmDrive – et l'agitation médiatique qui a suivi – a donc probablement plus à voir avec des erreurs expérimentales qu'avec un réel effet physique exploitable pour le vol spatial.

LE *WARP DRIVE*

En relativité générale, la géométrie de l'espace-temps n'est pas fixe et évolue au gré de la présence de corps massifs. Plutôt que de parcourir une grande distance avec une propulsion améliorée, l'idée du *warp drive* (propulsion par distorsion de l'espace) est de déformer l'espace pour « rapprocher » le lieu à atteindre. Si la distance à parcourir diminue grandement, le vaisseau pourra alors effectuer le trajet en un temps plus court, même à vitesse modérée – selon la loi classique durée = distance/vitesse.

Le physicien théoricien Miguel Alcubierre a identifié une solution des équations d'Einstein qui ressemble à ce que produirait un *warp drive*. En quelque sorte, cela revient en permanence à « creuser » l'espace devant soi et à le « gonfler » derrière soi pour se propulser vers l'avant. Cependant, le chercheur russe Sergueï Krasnikov a démontré que cette solution n'est pas satisfaisante, car il semble impossible d'arrêter le mécanisme une fois qu'il est enclenché.

Si la possibilité théorique fait l'objet de réflexions, la réalisation pratique s'avère beaucoup plus complexe. En effet, il faudrait être capable, pour creuser le puits à l'avant du vaisseau, de manipuler de la matière très dense, typiquement un trou noir de la masse de la Terre et d'un rayon de quelques millimètres. De plus, pour générer le gonflement à l'arrière, il faudrait au contraire manipuler une matière de masse négative, dont on ne sait pas si elle existe.

VOYAGE SPATIAL ET RELATIVITÉ DU TEMPS

Depuis les travaux d'Einstein, le temps est reconnu comme une propriété propre à l'observateur : deux individus en mouvement relatif mesurent deux durées différentes entre deux événements donnés. Cette particularité de la théorie de la relativité est souvent illustrée par le paradoxe des jumeaux de Langevin. Ceux-ci se retrouvent séparés à un instant t. Tandis que le premier reste sur Terre, le second effectue un aller-retour dans l'espace à bord d'une fusée allant à une vitesse proche de celle de la lumière. Pour le voyageur spatial, la durée du voyage est plus courte que celle mesurée par son frère, si bien qu'au retour de la fusée, les jumeaux n'ont plus le même âge.

Quelle serait la perception du temps selon que l'on se trouve dans le vaisseau ou que l'on est resté sur Terre ? Depuis la Terre, si un vaisseau voyage à un dixième de la vitesse de la lumière, il mettra 50 ans à atteindre Alpha du

↑ Vue d'artiste du vaisseau spatial *Voyager 1* entrant dans l'espace interstellaire (plasma ou gaz ionisé), éjecté par la mort d'étoiles il y a des millions d'années (2013).

Centaure. Pour les passagers du vaisseau, dont la vitesse de déplacement n'est plus totalement négligeable vis-à-vis de la vitesse de la lumière, la durée perçue sera inférieure. Dans le cas du *Venture Star* d'*Avatar*, on peut estimer que le trajet vu depuis la Terre dure un peu plus de 7 ans (moins de 6 ans vu du vaisseau).

Pour que les écarts deviennent plus significatifs, par exemple d'un rapport 1 à 10, le vaisseau devrait se déplacer à plus de 99,5 % de la vitesse de la lumière. Chose impensable tant l'énergie nécessaire serait énorme.

BILAN : POURRA-T-ON SORTIR DU SYSTÈME SOLAIRE D'ICI LA FIN DU SIÈCLE ?

Depuis le début de l'ère spatiale, l'amélioration des capacités des vols spatiaux est telle qu'il n'y aurait aucun problème pour envoyer aujourd'hui un objet capable de rattraper, et même de doubler, *Voyager 2* dans les 40 prochaines années. Et cela, sans nécessiter de propulsion nucléaire.

Si la performance technique est cruciale, la pertinence scientifique est un sujet tout aussi important. Pour qu'un projet puisse voir le jour, il doit être soutenu par une large communauté de scientifiques, ce qui est le cas pour l'exploration martienne ou des autres planètes. En revanche, l'étude du milieu interstellaire n'est pas une question encore suffisamment mise en avant pour que des missions spatiales dédiées puissent voir le jour.

Peut-on espérer envoyer quelque chose vers Alpha du Centaure ? La charge utile d'une telle sonde reste encore trop élevée au regard des capacités de propulsion existantes. L'exploration de l'espace lointain exige *a minima* de révolutionner les moyens de production d'énergie : s'affranchir des limitations des énergies fossiles et maîtriser la fusion thermonucléaire sur Terre comme dans l'espace. Un objectif qui semble encore difficile à concevoir d'ici la fin de ce siècle.

LES CONTRIBUTEURS

LES AUTEURS

Nicolas Martin est producteur de l'émission quotidienne de vulgarisation scientifique de France Culture, *La Méthode scientifique*. Il produit également *Les Idées claires*, une émission hebdomadaire de lutte scientifique contre la désinformation, sur France Culture et France Info. Par ailleurs, il poursuit une carrière de scénariste et réalisateur dans le cinéma et participe à l'émission *Le Cercle cinéma* sur Canal+, en tant que critique.

Diplômé d'un doctorat en physique, **Matthieu Lefrançois** est journaliste scientifique depuis 2017. Il a notamment travaillé pour la radio, la presse écrite ainsi que pour la série documentaire *Matière grise* pour la chaîne de télévision Planète+. Ancien collaborateur régulier de l'émission *La Méthode scientifique* sur France Culture, il est aujourd'hui en charge de la physique et de l'astrophysique pour le magazine *Science & Vie Junior*.

LA PRÉFACE

Carlo Rovelli est un physicien théoricien ayant travaillé en Italie, aux États-Unis et en France. Il dirige actuellement le groupe de gravité quantique du Centre de physique théorique de l'Université d'Aix-Marseille. Il est connu principalement pour être l'un des initiateurs de la gravité quantique à boucles, pour avoir introduit l'interprétation relationnelle de la mécanique quantique, et pour ses travaux sur la nature du temps physique. Ses livres pour le grand public ont été traduits dans plus de 40 langues. Il est membre de l'Institut universitaire de France et de l'Académie internationale de philosophie de la science. Selon la revue *Foreign Policy*, il figure parmi les 100 intellectuels les plus influents dans le monde.

Il a publié : pour le grand public, les best-sellers internationaux *L'ordre du temps*, Flammarion, 2017 et *Sept brèves leçons de physique*, Odile Jacob, 2014 ; le recueil d'articles *Écrits vagabonds*, Flammarion, 2019. Ses principaux traités sont *Covariant Loop Quantum Gravity*, Cambridge University Press, 2014 et *Quantum Gravity*, Cambridge University Press, 2004.

SOMMES-NOUS SEULS DANS L'UNIVERS ?

François Forget est planétologue, spécialisé dans l'exploration du système solaire. Membre de l'Académie des sciences, il est actuellement directeur de recherche au CNRS à l'Institut Pierre-Simon-Laplace à Paris après avoir travaillé plusieurs années à la NASA, en Californie. Ses recherches portent sur l'étude des climats dans les autres mondes de notre système solaire et autour des autres étoiles. Il participe aux missions spatiales *Mars Express* et *ExoMars* (ESA), *Mars Reconnaissance Orbiter*, *InSight* et *New Horizons* (NASA). Il modélise le climat des planètes du système solaire et extrasolaire en adaptant à ces mondes les simulateurs numériques utilisés pour prévoir les changements climatiques sur Terre. Outre une meilleure connaissance de l'univers, ses travaux renseignent sur notre propre planète, et contribuent à mieux comprendre les possibilités de vie ailleurs.

Il a récemment publié *The Atmosphere and Climate of Mars*, avec R. M. Haberle, R. Todd Clancy..., Cambridge University Press, 2017 ; *Système solaire et Planètes*, avec A. Brahic, T. Encrenaz..., Ellipses, 2009 ; *La Planète Mars : histoire d'un autre monde*, avec F. Costard, P. Lognonné, Belin, 2006.

QUELLE EST LA NATURE DES TROUS NOIRS ?

Alain Riazuelo est chercheur au CNRS en poste à l'Institut d'astrophysique de Paris (Sorbonne Université) et membre du consortium de l'un des deux instruments de *Planck* qui a pour objectif de mesurer avec précision le rayonnement le plus ancien émis par l'univers. Ses domaines de recherche sont la cosmologie primordiale et les trous noirs.

Auteur de nombreux articles parus dans la presse professionnelle et de vulgarisation, il a co-écrit en 2008 un film documentaire intitulé *Voyage au cœur d'un trou noir* avec le concours de la revue *Sciences et Avenir*. Il a notamment publié *Pourquoi la Terre est ronde*, humenSciences, 2019 ; *Les Trous noirs : à la poursuite de l'invisible*, Vuibert, 2016.

REMONTERONS-NOUS JUSQU'AU BIG BANG ?

Sandrine Codis est astrophysicienne à l'Institut d'astrophysique de Paris. Son travail porte sur la modélisation théorique de l'univers à grande échelle en lien avec la cosmologie et la formation des galaxies. Elle est membre du consortium *Euclid*, une mission spatiale de l'Agence spatiale européenne dédiée à la cartographie de la matière noire dans l'univers et à la caractérisation de l'énergie noire, responsable de l'accélération de l'expansion cosmique.

Elle a publié « On the Connectivity of the Cosmic Web: Theory and Implications for Cosmology and Galaxy Formation », avec D. Pogosyan, C. Pichon, *Monthly Notices of the Royal Astronomical Society (MNRAS)*, 479/1, 2018, p. 973-993 ; « Encircling the Dark: Constraining Dark Energy via Cosmic Density in Spheres », avec C. Pichon, F. Bernardeau, C. Uhlemann et S. Prunet, MNRAS, 460/2, 2016, p. 1549-1554.

CONNAÎTRONS-NOUS LA STRUCTURE DE L'UNIVERS ?

Hélène Courtois utilise les mouvements des galaxies afin de comprendre la gravitation. Sa découverte du continent extragalactique dans lequel nous vivons, Laniakea, a eu un impact international, dans le secteur de la recherche comme auprès du grand public.

Marraine du planétarium de Vaulx-en-Velin, elle est experte depuis dix ans auprès de la Commission européenne. Elle est également professeure et vice-présidente de l'Université Lyon 1, membre senior de l'Institut universitaire de France et chevalier de la Légion d'honneur et des Palmes académiques.

Parmi ses dernières publications : participation à *Étonnant Univers* des éditions CNRS (à paraître) ; *Explorateurs de l'espace : voyage aux frontières de l'univers*, avec l'astronaute MichelTognini, Dunod, 2019 ; *Voyage sur les flots de galaxies : Laniakea, notre nouvelle adresse dans l'univers*, Dunod, 2016 (Prix du livre d'astronomie 2017 de la revue *Ciel & Espace*). Collaborations : *Entre deux infinis*, avec F. Pinaud et J. Detallante, Actes Sud Junior, 2019 ; *Questions de sciences*, avec M. Florin, CNRS Éditions, 2019 ; *Le Super Week-end de l'espace*, avec G. Alméras, Maison Georges, 2018 ; *La Folle Histoire du système solaire*, avec F. Porcel, Dunod, 2017.

POURRONS-NOUS COLONISER UNE AUTRE PLANÈTE ?

Roland Lehoucq est astrophysicien au département d'astrophysique du Commissariat à l'énergie atomique (CEA) de Saclay. Il enseigne à l'Institut d'études politiques et au master ASE2 (Approche sociale de l'énergie et de l'environnement) de l'Université de Paris.

Il a publié de nombreux ouvrages et collabore régulièrement avec les revues *Pour la science* (vulgarisation scientifique) et *Bifrost* (science-fiction). Depuis 2018, il est directeur de la collection « Parallaxe » aux éditions du Bélial'. Depuis 2012, il est président des Utopiales, le festival international de science-fiction de Nantes.

Parmi ses dernières publications : *Pourquoi le soleil brille*, humenSciences, 2020 ; *Tolkien et les sciences*, avec L. Mangin et J.-S. Steyer, Belin, 2019 ; *L'Art et la Science dans* Alien, avec J.-S. Steyer, F. Landragin et C. Robinson, La Ville Brûle, 2019 ; *La science fait son cinéma*, avec J.-S. Steyer, Le Bélial', 2018 ; *Faire des sciences avec* Star Wars, Le Bélial', 2017 (3e éd.) ; *Les Idées noires de la physique*, avec V. Bontems, Les Belles Lettres, 2016.

www.editionsepa.fr

DIRECTION
Jérôme Layrolles

RESPONSABLE ÉDITORIALE
Laurence Lehoux

COORDINATION ÉDITORIALE
Christelle Fucili

LECTURE-RELECTURE
Florian Berrouet

DIRECTION ARTISTIQUE
Charles Ameline

DESIGN GRAPHIQUE ET MISE EN PAGE
Pierre-Yann Lallaizon / Studio Recto Verso
assisté de Lucien Rollin

FABRICATION
Stéphanie Vieux

PHOTOGRAVURE
Chromostyle

Partenariats et ventes directes : Dana Lichiaropol-George - dlichiardopol@hachette-livre.fr
Relations presse : epa@hachette-livre.fr

Édité par les Éditions EPA
(58 rue Jean Bleuzen, 92178 Vanves Cedex)
Achevé d'imprimer par Rotlito en Italie.
Dépôt légal : novembre 2020
ISBN : 978-2-37671-223-7
EAN : 1192720 / 01

CRÉDITS

Getty Images, pages : 8 © Getty Images/Elena Pueyo ; 11 © NASA/Getty Images ; 13, 53, 92 © SSPL/Getty Images ; 48-49 © Hulton Archive/Getty Images ; 57, 76 © Universal History Archive/Getty Images ; 66 © Santi Visalli/Getty Images ; 69 © Universal History Archive/Universal Images Group via Getty Images ; 70-71 © KTSDESIGN/Science Photo Library/Getty Images ; 79, 85 © Science & Society Picture Library/Getty Images ; 80 © New York Times Co./Getty Images ; 86 © BSIP/UIG Via Getty Images ; 91 © Frederic Castel/Gamma-Rapho via Getty Images ; 96-97 © NASA/WireImage via Getty Images ; 106-107 © Ann Ronan Pictures/Print Collector/Getty Images ; 140-141 © Bill Ingalls/ NASA via Getty Images.

NASA et ESA, pages : 15, 16, 17 © NASA/JPL-Caltech/University of Arizona ; 19, 28 © NASA/Ames/SETI Institute/JPL-Caltech ; 21, 36, 50, 65, 67, 74, 95, 99, 120, 156-157 © NASA/JPL-Caltech ; 22 © NASA/ARC ; 25 © NASA/Johns Hopkins University Applied Physics Laboratory/Southwest Research Institute/ Goddard Space Flight Center ; 26-27 © NASA/ESA/K. Retherford/SWRI ; 31 © NASA/JPL-Caltech/USGS ; 35 © NASA/JPL-Caltech/ESA/CXC/STScI ; 39 © Ames/Wendy Stenzel et Dan Rutter/NASA/ARC ; 41, 82 © ESA/D. Ducros ; 44 © NASA, ESA et Hubble Heritage Team (STScI/AURA) en remerciant W. Blair (STScI/Johns Hopkins University) et R. O'Connell (University of Virginia) ; 47 © NASA/Goddard ; 54, 110, 134, 135, 137 © NASA/MSFC ; 61 © NASA/JPL-Caltech/DSS ; 62 © NASA/ESA/D. Coe, J. Anderson et R. van der Marel (STScI) ; 73 © NASA/JPL/ESA ; 88 © ESA/NASA – STScI. ; 93 © NASA/ESA/Collaboration Planck ; 100 © NASA ; 102 © NASA, ESA, J. Hester et A. Loll (University of Arizona) ; 105 © NASA/Goddard/Stephen Walker ; 109 © ESA/Hubble & amp./NASA ; 115 © NASA/ESA/E. Jullo (JPL/ LAM), P. Natarajan (Yale) et JP. Kneib (LAM) ; 117 © NASA/JPL-Caltech/UCLA ; 125 © Composite de Jayanne English, Université du Manitoba, à partir de données de NRAO/ F. Schinzel et al., DRAO/Canadian Galactic Plane Survey et NASA/IRAS ; 126-127 © NASA/ESA/A. Goobar (Université de Stockholm) et l'équipe Hubble Heritage (STScI/AURA) ; 129 © NASA/ESA/ CXC ; 130 © NASA/JPL-Caltech/Ames ; 133, 152 © NASA/JSC ; 138 © NASA/ NOAA ; 143 © NASA/JPL-Caltech/Cornell/Arizona State Univ. ; 144-145 © NASA/JPL ; 147 © NASA/LMS ; 149 © NASA/CXC/JPL-Caltech/PSU/CfA ; 154 © NASA/Rick Guidice.

Et pages : 9 © Pierre Kitmacher ; 42 © Seth Shostak/SETI Institute ; 45 © Humen Sciences ; 59 © Collaboration EHT ; 103 © Thierry Chassepoux ; 112 © R.B. Tully (University of Hawaii), H. Courtois (Université Lyon 1), Y. Hoffman (Hebrew University) et D. Pomarède (CEA Université Paris-Saclay) ; 113 © Robert Lupton et Sloan Digital Sky Survey Consortium ; 119 © CERN/Maximilien Brice ; 121 © NASA/ESA/CC ; 122 © EPFL et SDSS Collaboration.